课本里的生物常识

刘伊思梦
主编

延吉·延邊大學出版社

图书在版编目（CIP）数据

课本里的生物常识 / 刘伊思梦主编 . -- 延吉 : 延边大学出版社 , 2024. 8. -- ISBN 978-7-230-07046-1

Ⅰ . Q-49

中国国家版本馆 CIP 数据核字第 20247MB734 号

课本里的生物常识
KEBENLI DE SHENGWU CHANGSHI

主　　编：刘伊思梦
责任编辑：梁久庆
出版发行：延边大学出版社
社　　址：吉林省延吉市公园路977号
电　　话：0433-2732435
网　　址：http://www.ydcbs.com
印　　刷：咸宁山河文化发展有限公司
开　　本：787mm×1092mm　1/16
印　　张：7.5
字　　数：40千字
版　　次：2024年8月第一版
印　　次：2024年8月第一次印刷
书　　号：ISBN 978-7-230-07046-1
定　　价：59.80元

目录

第一单元 生物和生物圈

第二单元 生物体的结构层次

第三单元 生物圈中的人

第四单元 生物圈中的其他生物

第五单元 健康地生活

第一单元
生物和生物圈

你听过"落红不是无情物，化作春泥更护花"吗？那你知道其中蕴含的生物学道理吗？

"螳螂捕蝉，黄雀在后""大鱼吃小鱼，小鱼吃虾米"，这些谚语生动地反映了不同生物之间吃与被吃的关系。

什么是生物？也许你会自信满满地说，能动的东西就是生物，或者能长大的东西就是生物，是不是这样呢？就让我们在这一单元对生物进行一个初步的了解。

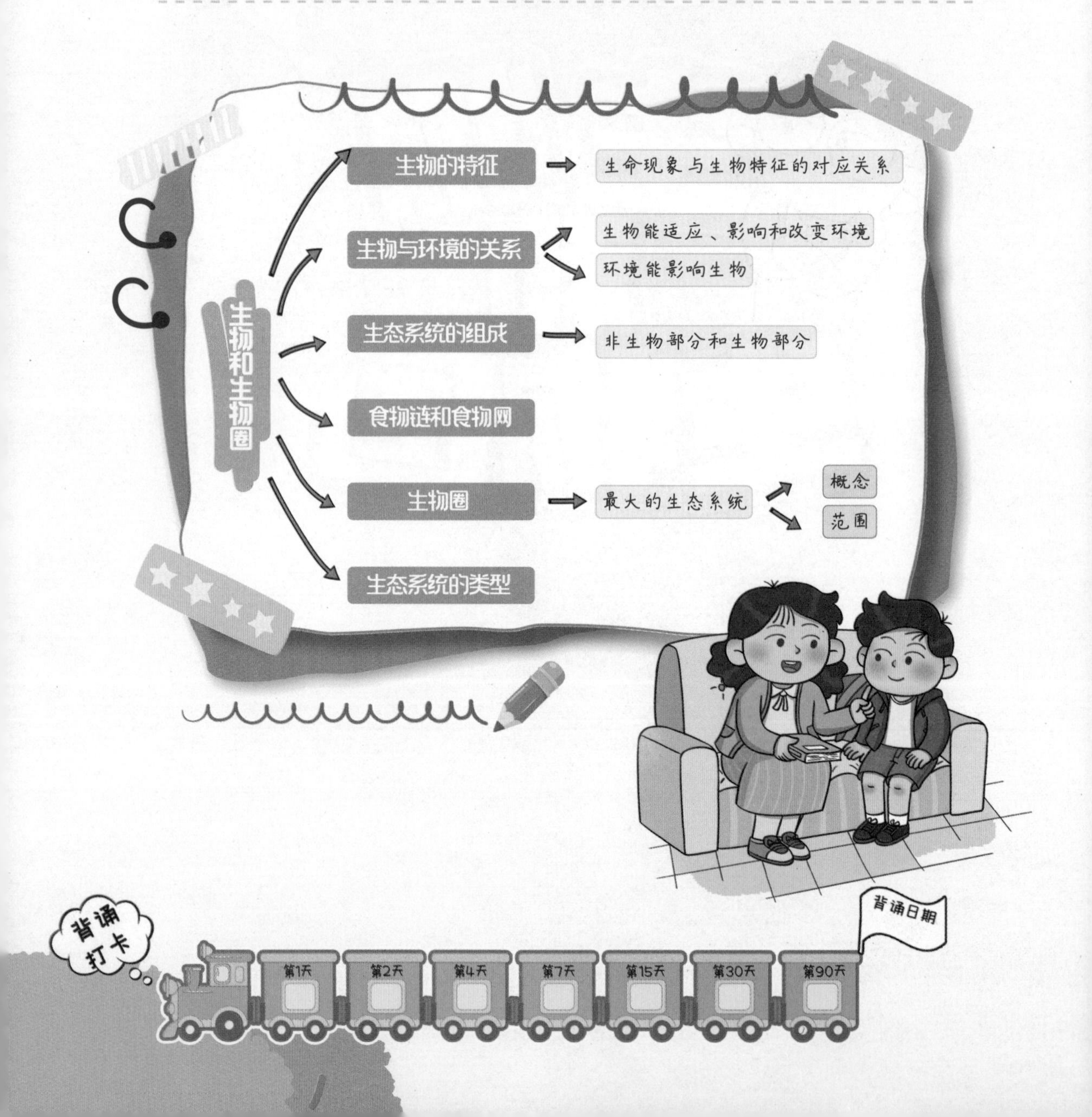

一.生物的特征

生物的基本特征	实例
生物的生活需要营养	①植物需要浇水施肥；②兔子吃草
生物能进行呼吸	鲸需要时常浮出水面进行换气
生物能排出体内产生的废物	①人体排汗；②动物排尿；③植物落叶
生物能对外界刺激作出反应	①向日葵向阳生长；②含羞草受到触碰时展开的叶片会合拢
生物能生长和繁殖	①生物由小长大；②家鸡产卵
生物具有遗传的特征	①龙生龙，凤生凤，老鼠生来会打洞；②种瓜得瓜，种豆得豆
生物具有变异的特征	一母生九子，连母十个样
除病毒外，生物都由细胞构成	病毒无细胞结构，但也是生物

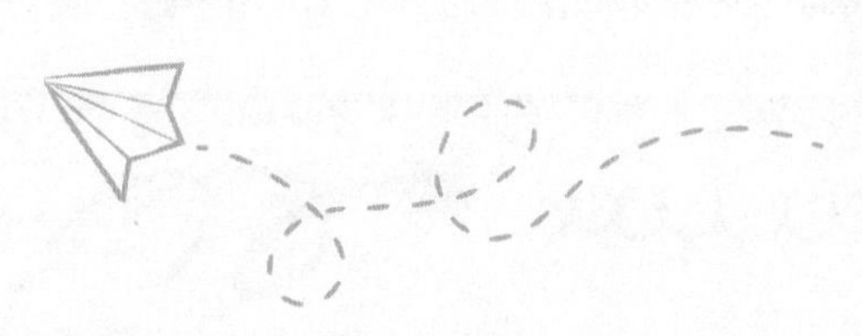

2. 揭秘

（1）**植物的生活也需要营养**。只不过植物不像我们人一样每天都吃饭，它们从外界吸收水、无机盐和二氧化碳，通过光合作用自己制造有机物，能自己养活自己。

（2）**生物不是必须生活在有氧气的环境中**，有些生物生活在无氧的环境中，比如我们喝的酸奶，它里面就有乳酸菌，这种生物属于厌氧菌，生活在无氧环境中。

拓展

珊瑚和珊瑚虫都是生物吗？病毒和电脑病毒都是生物吗？休眠的种子和冬眠的青蛙都是生物吗？

①珊瑚虫身体微小，口周围长着许多小触手，用来捕获海洋中的微小生物。珊瑚虫大多群居生活，虫体一代代死去，而它们分泌的外壳却堆积在一起，慢慢形成千姿百态的珊瑚，进而形成珊瑚礁。所以珊瑚虫是生物，珊瑚不是生物。

②病毒，是没有细胞结构的生物，因为它具备生物的基本特征。电脑病毒是一个程序，是一个执行码，没有生命，所以病毒是生物，电脑病毒不是生物。

③休眠是植物的一种生存策略，不仅为种子的传播扩散争取了时间，还能促使种子在最理想的环境条件下萌发。比如许多在夏季或秋季产生的种子，如果它们在冬季来临之前就已经发芽，那么很可能会被冻死。种子度过休眠期后可以萌发，所以休眠的种子是有生命的，属于生物。冬眠又叫冬蛰，某些动物在冬季时生命活动处于极度降低的水平，是动物对冬季外界不良环境条件（如食物缺少、寒冷）的一种适应。冬眠的动物也是有生命的，也属于生物。

3. 生命现象 VS 生物特征

争渡，争渡，惊起一滩鸥鹭——生物能对外界刺激作出反应。

庄稼一枝花，全靠肥当家——生物的生活需要营养。

野火烧不尽，春风吹又生——生物能生长。

苔花如米小，也学牡丹开——生物能繁殖。

二.生物与环境的关系

1. 生物的生活环境

不仅是指生物的生存空间，还包括存在于它周围的各种影响因素。

2. 生态因素

环境中影响生物的生活和分布的因素。

生态因素可分为两类：非生物因素——光、温度、水、空气等。

生物因素——影响某种生物生活的其他生物。

3. 实例

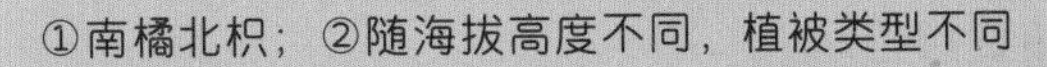

影响生物的主要因素	常见实例
温度	①南橘北枳；②随海拔高度不同，植被类型不同
水分	①仙人掌的叶变成叶刺；②沙漠上多不毛之地，近水处出现绿洲
光	①海洋中因为不同深度的海底光照不同，分布着不同的藻类植物；②猫头鹰白天休息而晚上觅食

小知识

南橘北枳：柑橘在温热湿润的地方能长得又大又甜，而被移栽到了温度较低的北方，就变成又酸又苦的枳了。

仙人掌的叶刺：在干旱的环境中，针状的叶子能减少水分的流失。

生物之间的相互关系	合作	寄生
常见实例	蚂蚁群体	蛔虫和人

生物之间的相互关系	竞争	捕食	共生
常见实例	杂草和水稻	猎豹和羚羊	真菌和藻类的共生体——地衣

4. 生物与环境的关系

（1）生物必须**适应**环境才能生存下去，生物在适应环境的同时，生物也**影响和改变**着环境。

（2）环境**影响**生物。

5. 生物适应环境的体现

保护色：指动植物把体表的颜色改变得与周围环境相似。自然界里有许多生物就是靠保护色避过敌人，在生存竞争当中保存自己，或是借助保护色隐藏自己的踪迹的。**如变色龙、北极熊等**。

拟态：指一种生物模拟另一种生物或模拟环境中的其他物体从而获得好处的现象。**如枯叶蝶外形像枯叶，竹节虫身体像竹节等**。

三.生态系统的组成

有人为了防止鸟吃草籽儿，把人工种草的试验区用网罩了起来。结果，一段时间后，草几乎被虫吃光了，而未加罩网的天然草原，牧草却生长良好。这个实例说明生物与环境之间有着非常复杂的相互依存、相互制约的关系，它们是一个不可分割的整体。

1. **生态系统**：在一定的空间范围内，生物与环境所形成的统一的整体叫做生态系统。

2. 生态系统的组成

生态系统的组成包括生物部分和非生物部分。

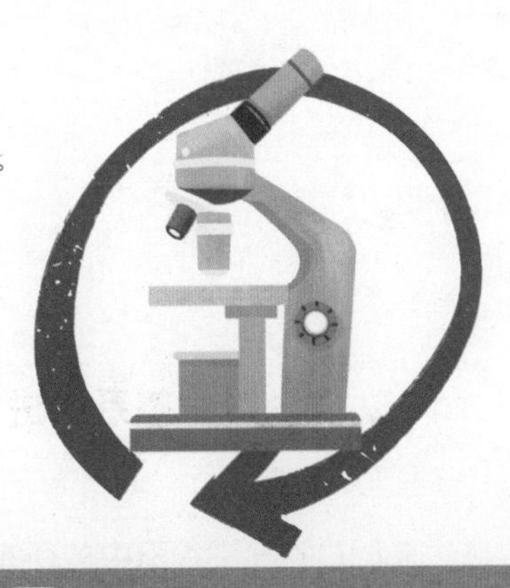

组成	成分及作用
生物部分	生产者：主要指绿色植物。它们通过光合作用制造有机物，为生物生存提供物质 消费者：主要是各种动物 分解者：主要指以生物尸体或生物的排泄物等为营养物的细菌、真菌等微生物，作用是把有机物分解成无机物
非生物部分	包括阳光、空气、水、土壤等，为生物提供能量、营养和生存空间

3. **怎么对生态系统进行判断？**

（1）一块农田中的所有农作物可以看成是一个生态系统。☒
缺少其他生物部分和非生物部分。

（2）生产者、消费者和分解者构成了一个完整的生态系统。☒
缺少非生物部分。

解析

生态系统指在一定空间范围内，生物与环境所形成的统一的整体。从组成上看，既包括生物部分（生产者、消费者、分解者），也包括非生物部分。

四.食物链和食物网

1. **食物链**：在生态系统中，不同生物之间由于吃与被吃的关系而形成的链状结构叫食物链。

“螳螂捕蝉，黄雀在后”这个谚语就生动地反映了不同生物之间吃与被吃的关系。那怎样表示食物链呢？

我们通常将被捕食者和捕食者以“→”相连，箭头指向捕食者。

不过，阳光→植物→蝉→螳螂→黄雀，或是植物→蝉→螳螂→黄雀→细菌和真菌，这两种食物链的表示方法都是不对的。为什么呢？

食物链表示吃与被吃的关系，阳光和植物之间，黄雀与细菌真菌之间，都不是吃与被吃的关系。所以让我们一起总结一下**食物链的原则**：

食物链的起始环节是生产者；箭头指向捕食者；不包括非生物部分和分解者。

观察下图，试着用箭头连接各个部分，以表示不同生物之间吃与被吃的关系：

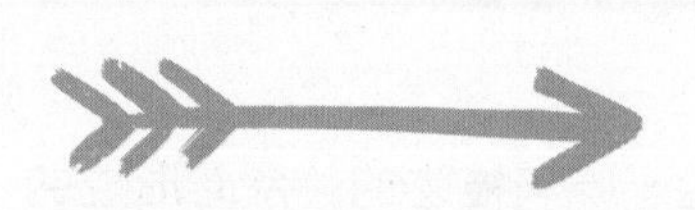

2. **食物网**：在一个生态系统中，往往有许多条食物链，它们彼此交错连接，形成食物网。

如果一个生态系统内某些生物种类、比例发生剧烈变化，那就一定会影响到其他生物，这个生态系统就有可能会被破坏。

3. 生态系统具有一定的**自动调节能力**，但这种调节能力是有一定限度的。如果外界干扰超过了这个限度，生态系统就会遭到破坏，生态平衡就会被打破。

舌尖上的"微塑料"

我国一年的外卖订单所产生的塑料垃圾就超过146亿份；研究表明，81%的沿海地区受到塑料碎片污染；全球已有233种海洋生物的消化道内发现有微塑料颗粒存在；到2050年，预计99%的鸟类都可能食用了塑料制品。最终，这些微塑料被各类鱼类和动植物吸收进体内，再通过食物链层层传递，人类将借此遭受反噬。正如人类排放的有毒物质进入生态系统一样，有毒物质可能会通过食物链不断积累，危害生态系统中的许多生物，最终威胁人类自身。

总结：有毒物质会随食物链不断积累，在食物链中，营养级别越高的生物，体内积累的有毒物质越多。

五.生物圈

1. **生物圈**：地球上所有的生物与其环境的总和就叫生物圈。**生物圈是最大的生态系统。**

2. 生物圈的范围

地球的直径长达一万多千米，而适合生物生活的，其实只是它表面的一薄层。我们想象一下，假如将地球比作一个足球大小，生物圈就比一张纸还要薄！

以海平面来划分，生物圈向上可达到约10千米的高度，向下可深入10千米左右的深度。

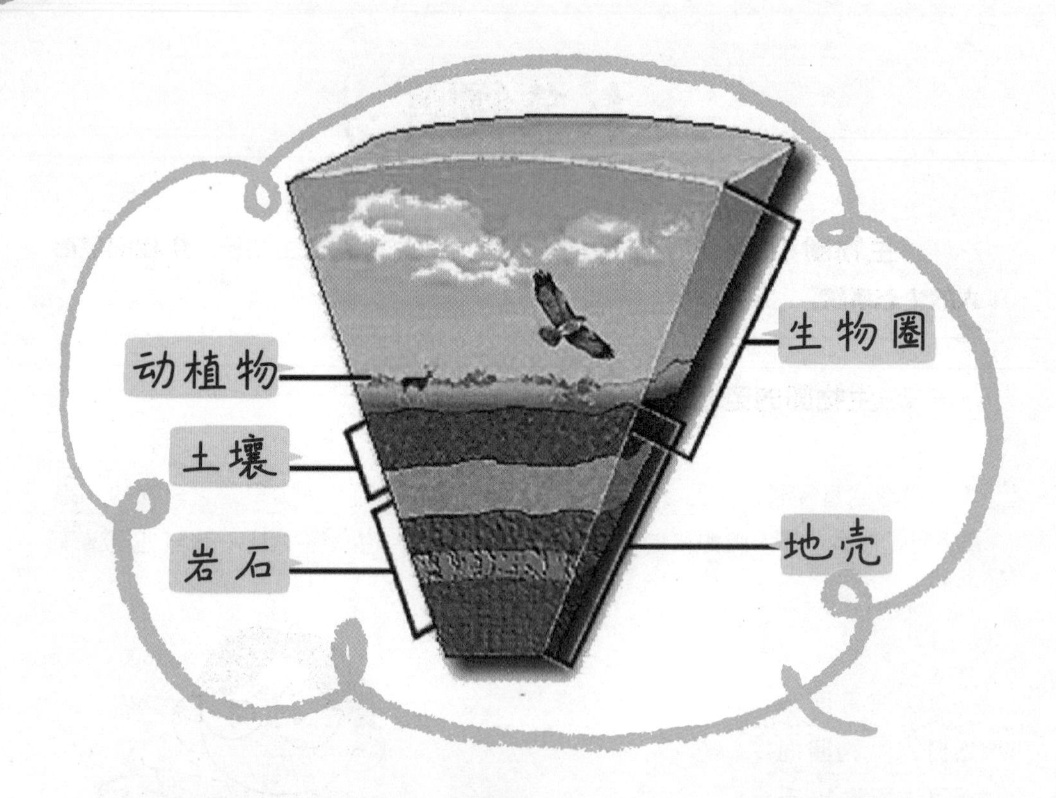

生物圈的范围包括大气圈的底部、水圈的大部和岩石圈的表面。

生物圈是一个封闭且能自我调控的系统。地球是整个宇宙中唯一已知的有生物生存的地方。一般认为生物圈是从 35 亿年前生命起源后演化而来。

生物圈这个概念集合了天文学、地质物理学、气象学、生物地理学、演化论、地质化学、水文学等多项科学，可以说它集合了所有与地球和生命相关的科学。

六.生态系统的类型

在生物圈中，由于不同地域的环境差别很大，生物种类也是千差万别，因此，生物圈中有着多种多样的生态系统。**举例如下**：

草原生态系统，多分布于干旱地区，年降雨量很少，缺乏高大的植物。草原在水土保持和防风固沙等方面起着重要的作用。

森林生态系统享有“**绿色水库**”“**地球之肺**”之称。森林在涵养水源、保持水土、调节气候、净化空气等方面起着重要作用。

沼泽是典型的**湿地生态系统**。湿地具有净化水质、蓄洪抗旱的作用。有“**地球之肾**”之称。

淡水生态系统，包括河流、湖泊、池塘等。为人类提供饮用、灌溉、工业用水，在调节气候方面也有重要的作用。

海洋生态系统，海洋中的植物每年制造的氧气占地球每年产生氧气总量的70%。

农田生态系统，以农作物为主体，动植物种类相对较少。该生态系统最容易被破坏。

城市生态系统，人类起着主要支配作用，由于人口密集以及排放的污水、废气和固体废弃物多，容易产生环境问题。

七.生物圈是一个统一的整体

生态系统是多种多样的。这些生态系统是不是各自独立、彼此互不相干呢？让我们来看一则资料，分析一下，生态系统间是否有联系。

资料：一条河流是一个生态系统。生活在河里的龟、鳄等动物，会爬到河岸上产卵。鹭吃河里的鱼、虾等动物，但它却在河边的大树上筑巢。陆地上的动物，有时又会到河边喝水。

对于河流生态系统来说，阳光和空气并不是它所独有的。降雨会带来别处的水分，还会把陆地上的土壤冲入河流。风也可以把远处的植物种子吹到河流中。河水又可以用来灌溉农田。

阅读完资料，想一想，河流生态系统与周围哪些生态系统有关联呢？

从非生物因素来说，地球上所有的生态系统都受阳光、大气、水等因素的影响。

从地域关系来说，各类生态系统也是相互关联的。

从生态系统中的生物来说，许多生物会在不同生态系统间穿梭。

总之，**生物圈是一个统一的整体**，是地球上最大的生态系统，是所有生物共同的家园。保护生物圈，人人有责。

拓展

"生物圈Ⅱ号"的启示

生物圈 II 号是美国建于亚利桑那州图森市以北沙漠中的一座微型人工生态循环系统，在密闭状态下进行生态与环境研究，帮助人类了解地球如何运作，并研究人类能不能构建一个与地球生物圈类似、可供人类生存的生态环境。

"生物圈 II 号"几乎是完全密封的，占地12700平方米，容积达141600立方米，由80000根白漆钢梁和6000块玻璃组成。里面有微型的森林、沙漠、农田、海洋和溪流，还有猪、牛、羊、鸡等家畜家禽，以及供人居住的房子。

1991年9月，8名科学家进入"生物圈 II 号"。他们计划在里面住上两年，一边从事科学研究，一边饲养禽畜、耕种和收获，过着完全自给自足的生活。科学家们要设法使这个生态系统维持在相对稳定的状态，有利于人和其他生物生存。遗憾的是，一年多以后，"生物圈 II 号"中的氧气含量大幅度下降。难以维持科学家们实验研究。这项研究证明了什么呢？

结论：**地球目前仍是人类唯一能依赖与信赖的生态系统**

"生物圈 II 号"

实验基地区

生物圈的"肺部"

人类居住区

热带雨林

农业种植区

海洋

稀树草原

沙漠

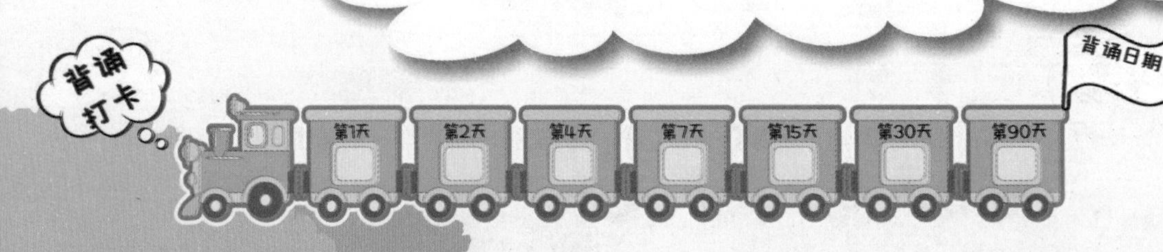

小结 生物和生物圈

1. 生物的特征：

（1）生物的生活需要营养；
（2）生物能进行呼吸；
（3）生物能排出体内产生的废物；
（4）生物能对外界作出反应；
（5）生物能生长和繁殖；
（6）生物都有遗传和变异的特性；
（7）生物由细胞构成（病毒除外）。

2. 地球上所有的生物与其环境的总和就叫生物圈。

3. 环境中影响生物的生活和分布的因素叫做生态因素。

4. 生态因素可分为两类：

非生物因素——光、温度、水等；
生物因素——影响某种生物生活的其他生物。

5. **生物的生存依赖于一定的环境。**

6. **生物以各种方式适应环境，影响环境。**

7. **在一定的空间范围内，生物与环境所形成的统一的整体叫做生态系统。**

8. **植物是生态系统中的生产者**；动物不能自己制造有机物，它们直接或间接地以植物为食，因而叫做消费者；细菌和真菌常常被称为生态系统中的分解者。

9. **生态系统的成分包括生物部分和非生物部分，前者由生产者、消费者和分解者组成。**

10. **在生态系统中，物质和能量沿着食物链和食物网流动，一些不易分解的有毒物质能够沿食物链积累。**

11. **生态系统具有一定的自动调节能力。**

12. **生物圈的范围包括大气圈的底部、水圈的大部和岩石圈的表面。**

13. **生物圈是最大的生态系统。**生物圈是所有生物的共同家园。

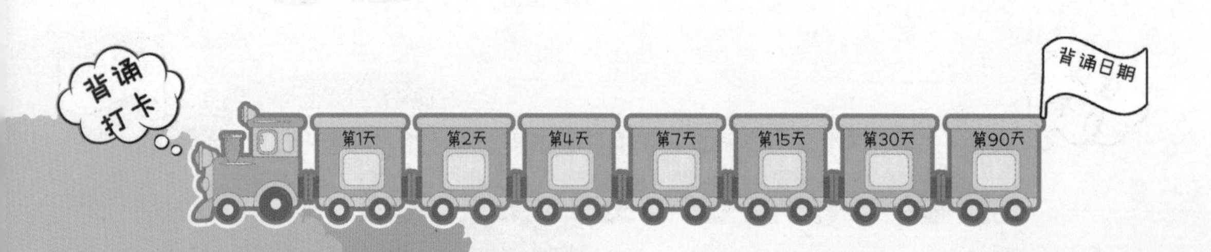

第二单元
生物体的结构层次

你见过细胞吗？它们是如此精致。我们把一个细胞比喻成一间工厂，他们秩序井然、分工明确。让我们借助显微镜打开微观之门，一探究竟。

组成我们身体的细胞不仅数量庞大，而且多种多样。那大量的、不同类型的细胞是怎样形成的呢？它们又是怎样构成一个结构复杂的生物体的呢？

接着往下看，你就明白了。

一．植物细胞的结构

1.显微镜下的植物细胞

显微镜下观察到的洋葱鳞片叶内表皮细胞如下图所示，我们能清晰地看到被碘液染色较深的**细胞核**；但在光学显微镜下看不清细胞膜。

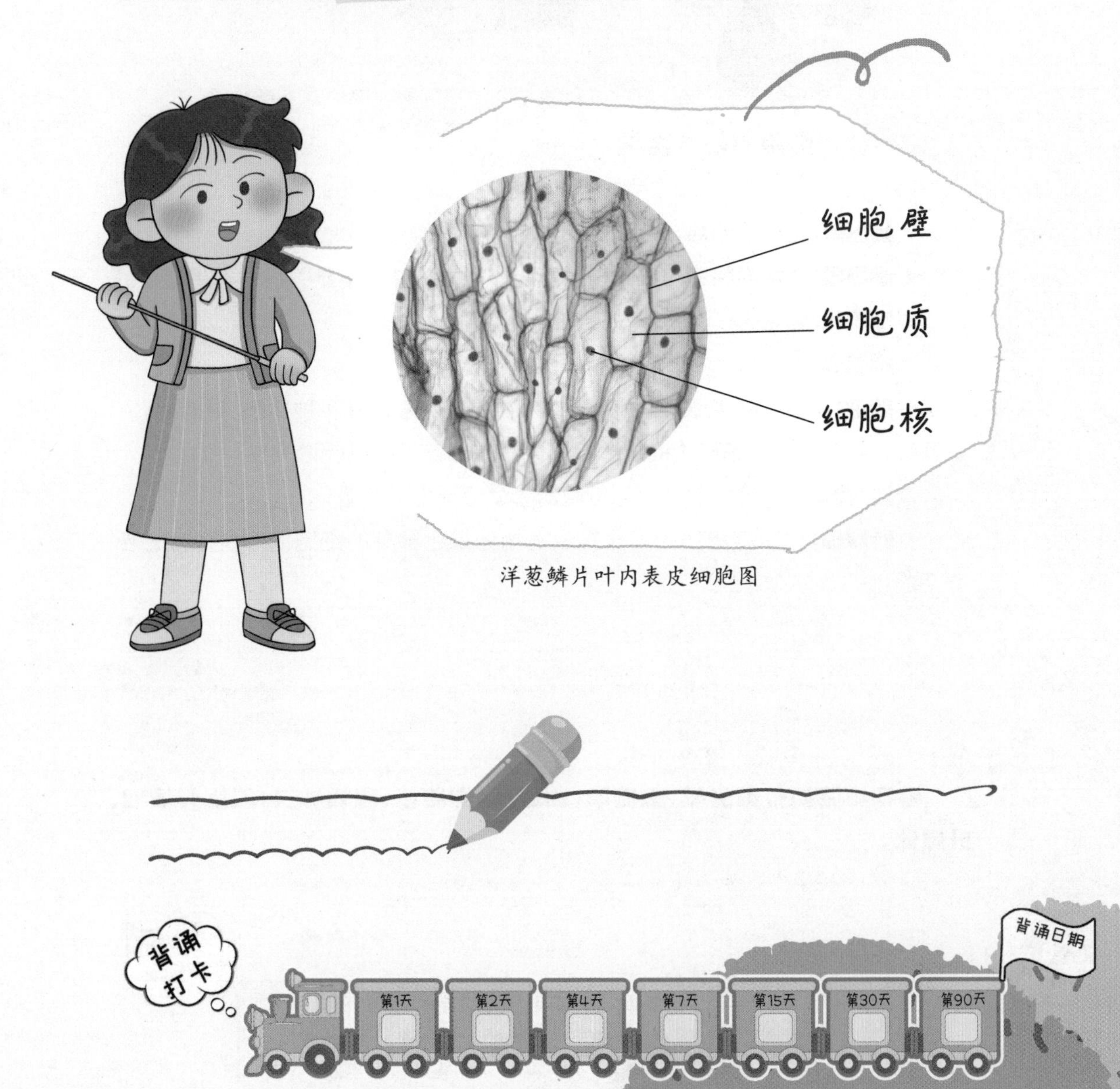

洋葱鳞片叶内表皮细胞图

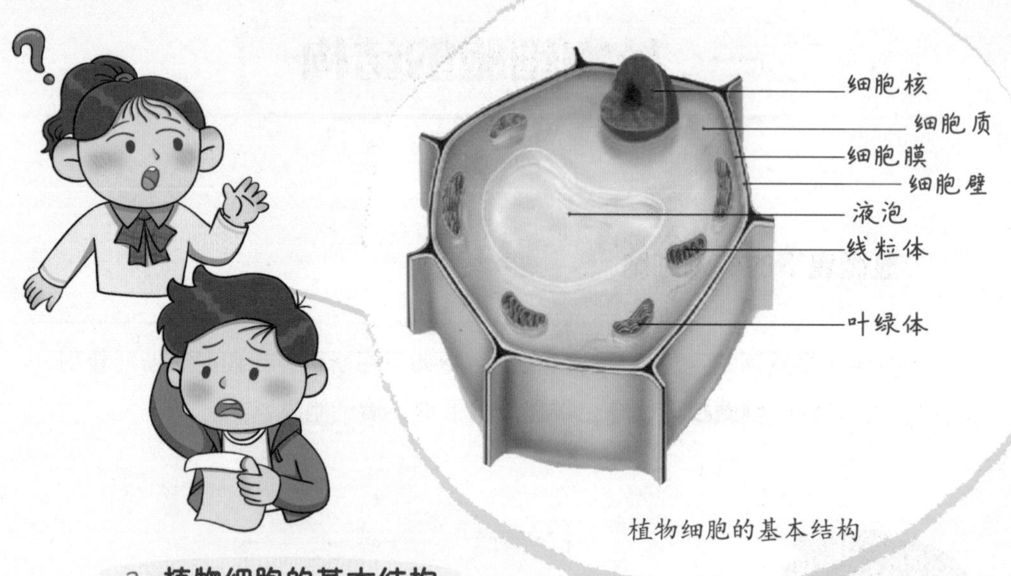

植物细胞的基本结构

2. 植物细胞的基本结构

★**细胞壁**：位于最外层，起保护和支持细胞的作用；

★**细胞膜**：紧贴细胞壁内侧的一层膜，非常薄，在光学显微镜下不易看清；

★**细胞核**：细胞内一个近似球形的结构；

★**细胞质**：细胞核以外，细胞膜以内的部分；

★**液泡**：存在于细胞质里。液泡内的细胞液中溶解着多种物质，如糖分、色素等，主要是维持细胞内的水分平衡，积累贮存养料或代谢产物

★**线粒体**：位于细胞质中，为细胞的生命活动提供能量；

★**叶绿体**：位于细胞质中，分布于植物体绿色部分的细胞内。是进行光合作用的场所。

总结

植物细胞都有细胞壁、细胞膜、细胞质、细胞核、线粒体，有的还有液泡、叶绿体。

二．动物细胞的结构

你见过动物细胞吗？它们长得跟前面所见到的植物细胞一样吗？其实，人体细胞和动物细胞的形态 、结构基本一致。让我们以人的口腔上皮细胞为例，来认识一下动物细胞的结构吧。

1. 观察显微镜下人的口腔上皮细胞图

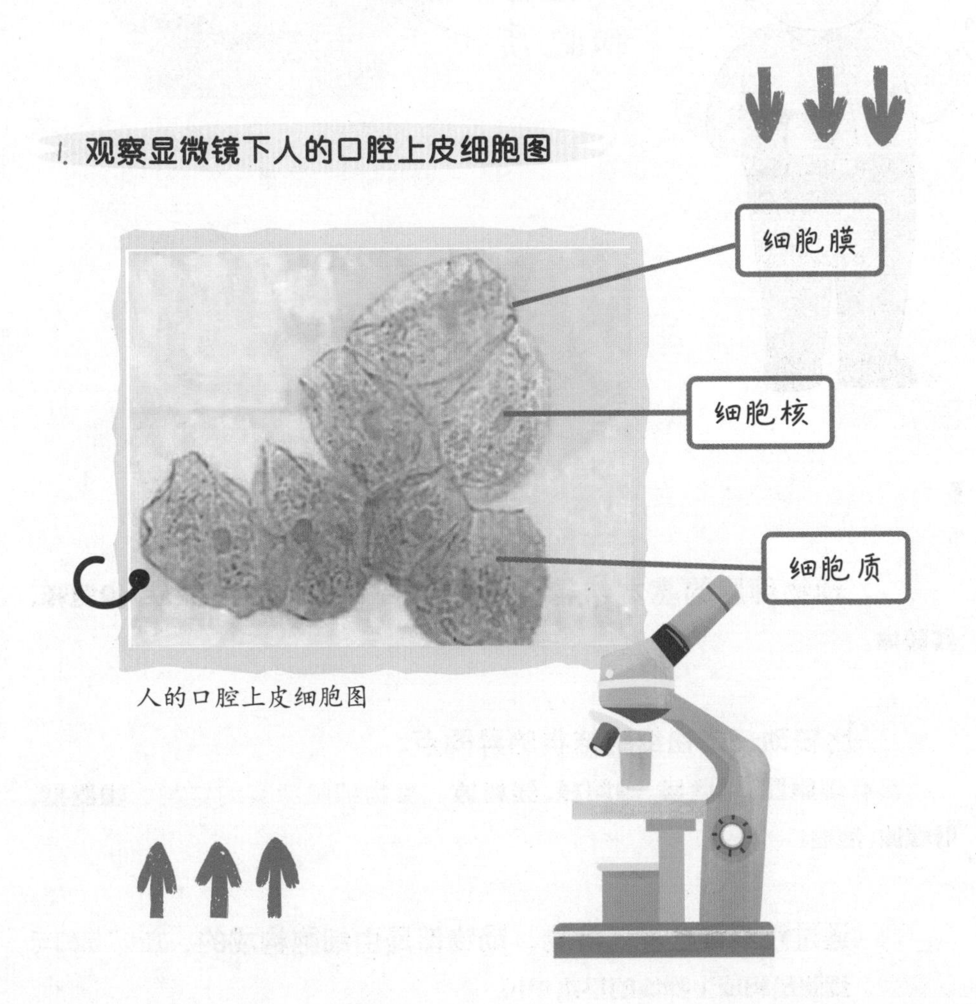

人的口腔上皮细胞图

细胞膜
细胞核
线粒体
细胞质

动物细胞结构图

2. **动物细胞的基本结构：** 动物细胞都有**细胞膜、细胞质、细胞核、线粒体。**

3. **比较动、植物细胞结构的异同点：**

都有**细胞膜、细胞质、细胞核、线粒体**，植物细胞特有的结构：**细胞壁、叶绿体、液泡。**

4. **通过观察可以发现植物、动物都是由细胞构成的。** 所以我们可以认为，**细胞是构成生物体的基本单位**。

三．细胞的生活

细胞怎样生活？细胞怎样与外界进行物质交换？能量怎样转换？细胞的控制中心是谁？接着往下看，你就能找到答案。

1.细胞的生活需要物质和能量

细胞膜将细胞的内部与外部环境分隔开来，使细胞拥有一个稳定的内部环境，让细胞生活需要的物质进入细胞，而把有些物质挡在细胞外面。

细胞产生的一些废物也通过细胞膜排出。可见，细胞膜能够控制物质的进出。

细胞生活需要的能量从哪来呢？

就像洗衣机通电后才能工作，汽车加油后才能启动，我们人类每天都需要吃饭，才能工作、学习、生活。那是因为食物不仅能提供建造身体的物质，还能提供能量。

能量有多种形式，如光能、风能、热能、化学能等。

能量可以转化，比如，当你点燃一支蜡烛时，蜡烛中的化学能就转变成光能和热能。

细胞也能进行能量转换吗？答案是，是的。细胞中有能量转换器。

植物叶片细胞含有叶绿体，**叶绿体**中的色素能够吸收光能，将**光能转化成化学能**，并将化学能储存在有机物中。

植物细胞、动物细胞都含有线粒体。**线粒体**可使细胞中的有机物，通过复杂变化，将其储存的**化学能**释放出来，转化成**生命活动可利用的各种能量**。

叶绿体、线粒体都是细胞中的能量转换器。

2. 细胞核是控制中心

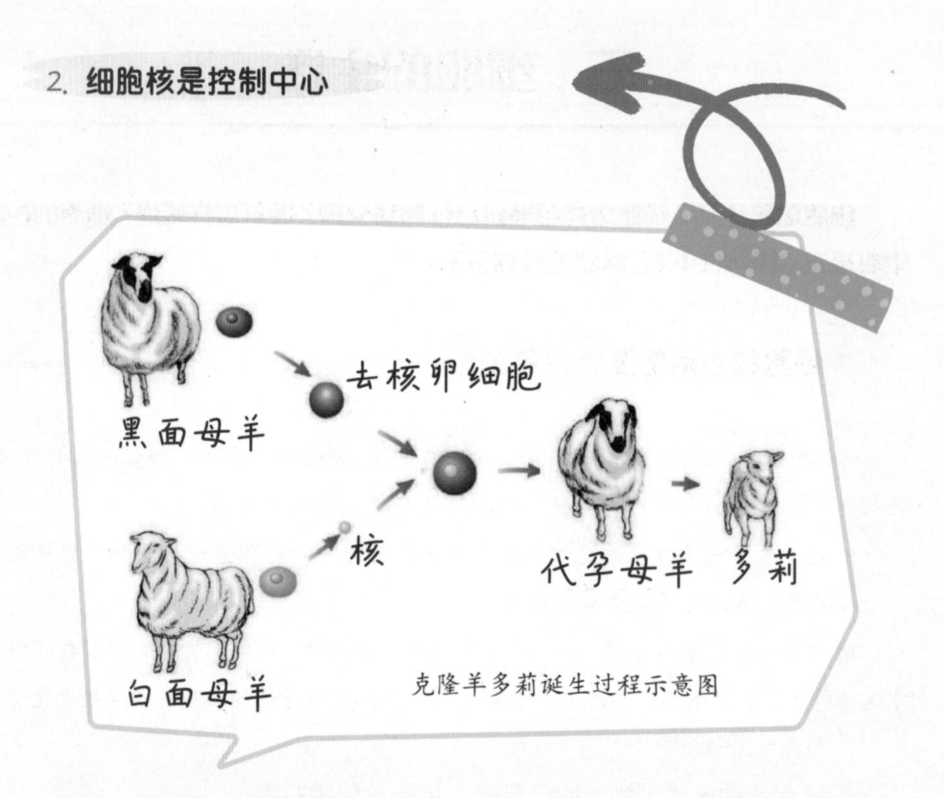

克隆羊多莉诞生过程示意图

观察克隆羊多莉诞生的过程，多莉长得跟谁像呢？这个实例说明了什么？

克隆羊克隆的过程是将黑面羊去掉了细胞核的卵细胞，和白面羊分离细胞得来的细胞核融合，再通过代孕的母羊孕育出小羊。

最后生出来的克隆小羊多莉长得与提供细胞核的白面母羊相像。说明**细胞核控制着生物的发育与遗传**。

细胞核是细胞的控制中心。因为细胞核中有一种非常神奇的遗传物质，名叫 DNA，DNA 上有指导生物发育的全部信息，这些遗传信息包含了指导、控制细胞中物质和能量变化的一系列指令。

四．细胞分裂

1. **细胞的生长**：构成生物体的细胞要不断从周围环境中吸收营养物质，并且转变成组成自身的物质，体积会由小变大，这就是细胞的生长。细胞体积越大，越不利于与外界进行物质交换。

因此，细胞不会无限长大，一部分细胞长到一定的大小，就会进行分裂。

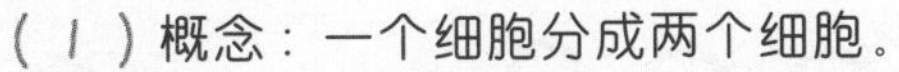

2. **细胞分裂**

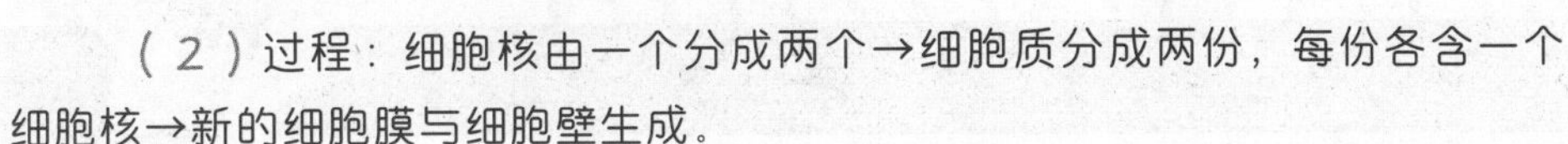

（1）概念：一个细胞分成两个细胞。

（2）过程：细胞核由一个分成两个→细胞质分成两份，每份各含一个细胞核→新的细胞膜与细胞壁生成。

身体里的“脱缰之马”——癌细胞

细胞分裂到一定程度会死亡，而癌细胞却能无限分裂，这是因为它的基因已经发生了改变，已经不再受本体的控制。

癌细胞有着无限分裂的能力，那么它所需要的能量和物质是及其巨大的。显然，没有任何一个本体能够为它提供这一需求。

癌细胞是从正常细胞变化而来的。正常细胞变为癌细胞的过程称为癌变。

癌变后的细胞有两个主要特点。一是分裂非常快，它们在不断分裂后形成肿瘤。二是癌细胞还可侵入邻近的正常组织，并通过血液、淋巴等进入远处的其他组织和器官，这就是癌的转移。

全世界每年有数百万人被各种各样的癌症夺去了生命。

在我国，各类癌症已经成为导致死亡的主要疾病之一。

五. 细胞分化

人的一个细胞受精卵在发育成新生儿的过程中，除了伴随着细胞的体积增大（细胞的生长）、细胞数量的增加（细胞分裂），还会发生什么变化呢？

想一想，构成我们的肌肉细胞、神经细胞、红细胞等，它们的形态、结构、功能会一样吗？如果不一样，那也就是说生物体由小长大的过程中，还会有一过程，能使细胞的种类增加，让它们变得越来越不一样，各有各的功能，那就是细胞分化。

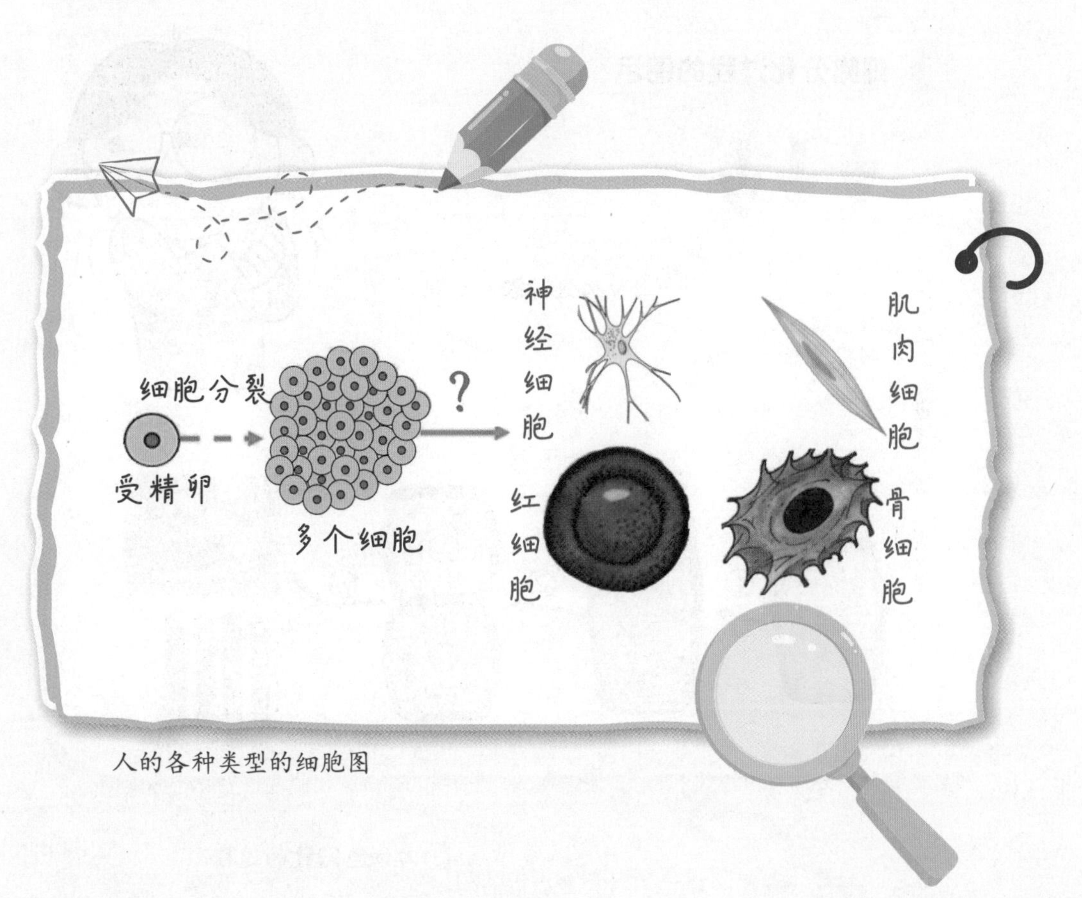

人的各种类型的细胞图

1. 细胞通过分化产生不同类型的细胞。

细胞分化：在个体发育过程中，一个或一种细胞通过分裂产生的后代，在**形态、结构和生理功能**上发生差异性的变化，这个过程就叫细胞分化。

2. 细胞分化的结果：形成不同的组织。

3. 组织：由形态相似，结构、功能相同的细胞联合在一起形成的细胞群。

4. 细胞分化过程的图示：

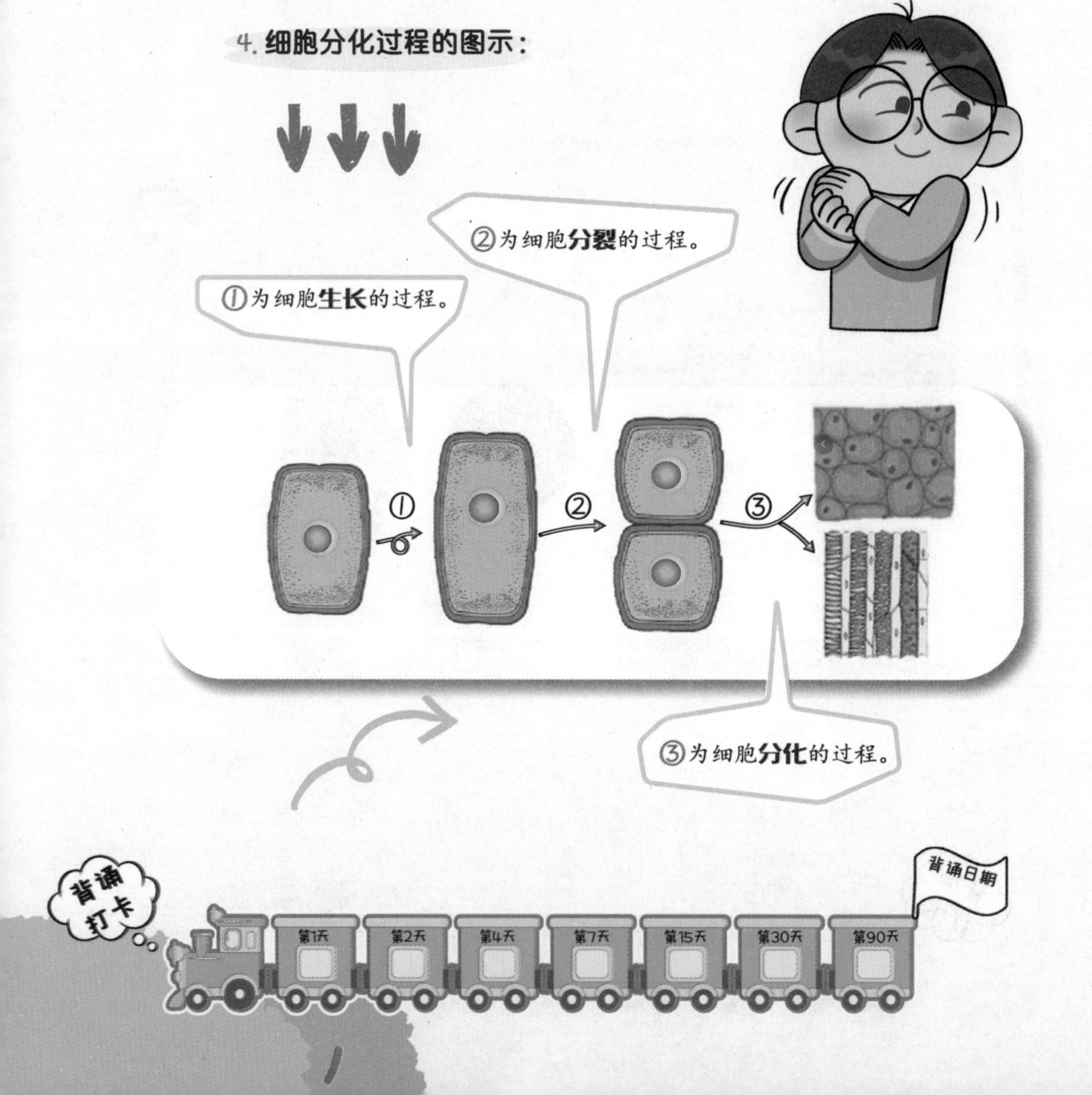

六．动物体的结构层次

在正常情况下，人体的细胞数量维持在 40 万亿到 60 万亿之间。细胞的种类有很多，比如常见的生殖细胞、神经细胞、内分泌细胞、内脏细胞以及血细胞等等。那这么多细胞、这么多种类的细胞是随机堆砌在一起，还是按照一定的结构层次有序构成生物体呢？以人为例，一起去瞧瞧。

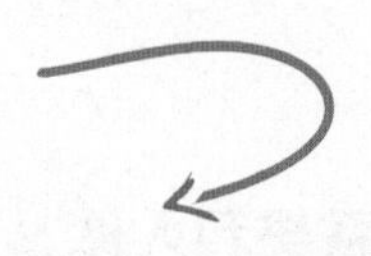

1. 人体有四种基本组织。如下图所示：

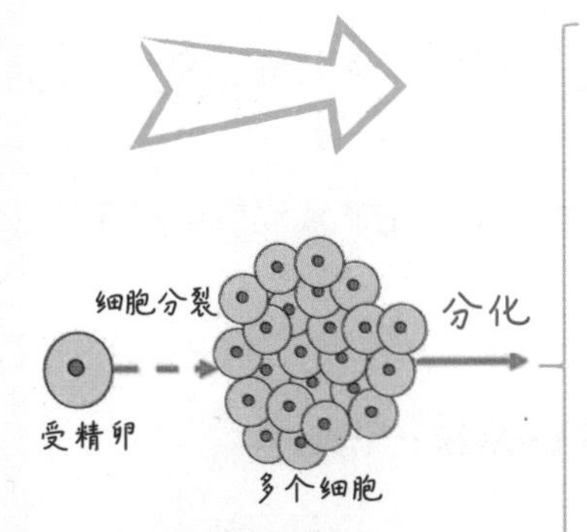

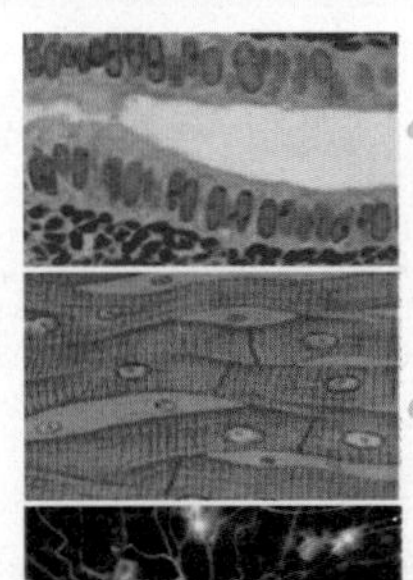

上皮组织：由上皮细胞构成，具有保护和分泌的功能。

肌肉组织：主要由肌细胞构成，具有收缩和舒张的功能。

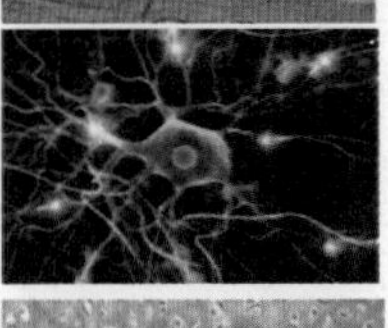

神经组织：主要由神经细胞构成，能感受刺激，传导兴奋。

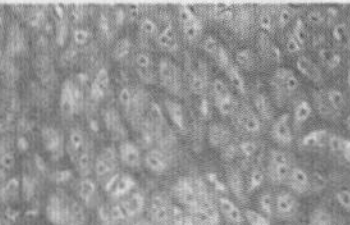

结缔组织：种类很多，如：骨组织、血液等都属于结缔组织。具有支持、连接、营养、保护等功能。

2. 器官：由不同的组织按照一定的次序结合在一起构成的行使一定功能的结构，叫做器官。如：大脑、胃和心脏。

大脑：主要由神经组织和结缔组织构成，是对全身起调控作用的器官；

胃：由上皮组织、肌肉组织、结缔组织和神经组织构成。是贮存和消化食物的器官；

心脏：主要由肌肉组织构成，此外还有结缔组织等。是将血液泵至全身的器官。

3. 器官构成系统和人体

系统：能够共同完成一种或几种生理功能的多个器官按照一定的次序组合在一起，构成系统。

如：消化系统，它是由口腔、咽、食道、胃、肠、肛门以及肝、胰、唾液腺等器官构成的，具有消化和吸收的功能。

各个系统既分工明确又协调配合，使体内各种复杂的生命活动能够正常进行。

4. 动物体的结构层次：细胞→组织→器官→系统→个体。

七．植物体的结构层次

植物体与动物体的生长发育相似，那构成植物体的结构层次与跟构成动物体的结构层次一样吗？让我们以绿色开花植物为例，一起去看看吧。

1.绿色开花植物有六大器官：

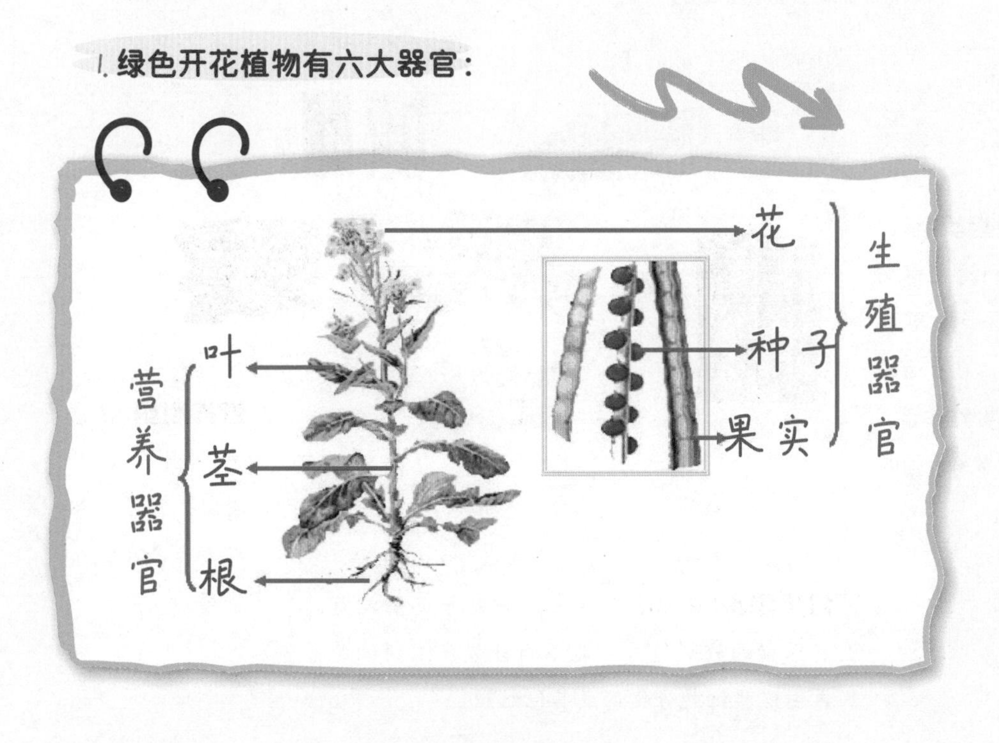

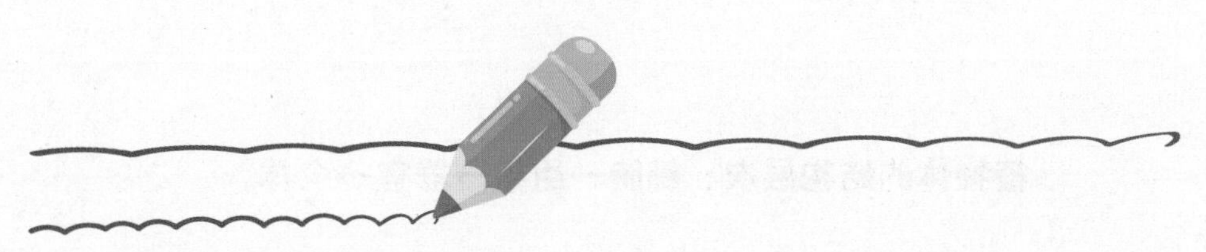

2. 植物的几种主要组织：

保护组织：根、茎、叶表面的表皮细胞构成保护组织，具有保护内部柔嫩部分的功能。

机械组织茎、叶柄、叶片、花柄、果皮、种皮等处都有机械组织。它们主要起支撑和保护的作用。

输导组织：根、茎、叶等处有运输水和无机盐的导管，也有运输有机物的筛管，它们都属于输导组织。

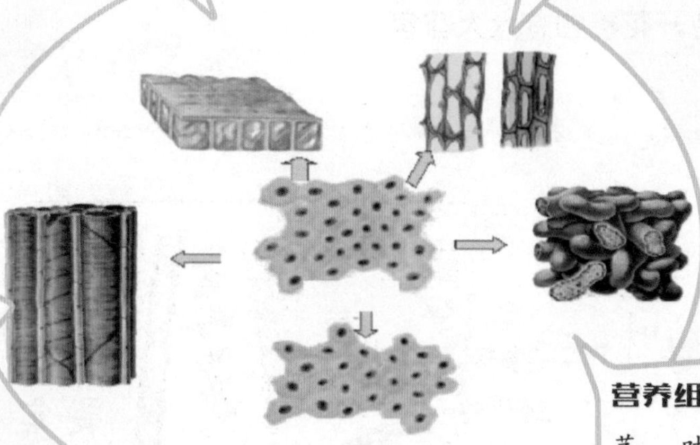

营养组织：根、茎、叶、花、果实、种子中都有。有储存营养物质的功能。

分生组织：在根尖、茎尖、芽尖等部位均有。有很强的分裂能力，能不断分裂产生新细胞，再由这些细胞分化形成其他组织。

3. 植物体的结构层次：细胞→组织→器官→个体。

生物体的结构层次

植物细胞的结构

植物细胞的结构

★基本结构：细胞壁、细胞膜、细胞质、细胞核、线粒体

★特殊结构：叶绿体、液泡

动物细胞的结构

比较动植物细胞结构的异同点

★相同点：都有细胞膜、细胞质、细胞核、线粒体

★不同点：植物细胞特有：细胞壁、叶绿体、液泡

细胞是构成生物的基本单位

细胞的生活

细胞的生活需要物质和能量

★细胞膜控制物质的进出

★叶绿体和线粒体是细胞中的能量转换器，叶绿体将光能转化为化学能，线粒体将化学能转化为生命活动可利用的各种能量

细胞分裂

概念：一个细胞分为两个细胞

过程：核、质、膜、（壁）

结果

★增加细胞数量

★通过细胞分裂，新形成的两个细胞与原细胞相比，染色体形态和数目相同。其中染色体是遗传物质的载体

细胞分化

概念：一个或一种细胞通过分裂产生的后代，在形态、结构和生理功能上发生差异性变化

★结果：形成组织

植物体的结构层次（以绿色开花植物为例）

五大组织

★分生组织

★保护组织

★机械组织

★输导组织

★营养组织

六大器官

★营养器官：根、茎、叶

★生殖器官：花、果实、种子

归纳

★细胞、组织、器官、植物体

动物体的结构层次

以人为例，人体有四种基本组织

★上皮组织

★肌肉组织

★神经组织

★结缔组织

归纳

★细胞、组织、器官、系统、动物体

1. **细胞是生物体结构和功能的基本单位。**

2. **细胞膜、细胞质、细胞核和线粒体是动物细胞和植物细胞共有的基本结构。**植物细胞还具有细胞壁、叶绿体、液泡等结构。

3. 细胞的生活需要物质和能量，细胞膜控制物质进出细胞，细胞质中的**叶绿体和线粒体是能量转换器**。

4. **细胞核是细胞的控制中心。**细胞核内有染色体，染色体中有遗传物质DNA，DNA 携带着控制细胞生命活动、生物体发育和遗传的遗传信息。

5. **细胞通过分裂产生新细胞。**

6. 在个体发育过程中，一个或一种细胞通过分裂产生的后代，在形态、结构和生理功能上发生差异性的变化，这个过程叫做**细胞分化**。

7. 每个细胞群都是**由形态相似，结构、功能相同的细胞联合在一起形成**的，这样的细胞群叫做组织。

8. 能够共同完成一种或几种生理功能的多个器官按照一定的次序组合在一起。就构成了系统。

9. 生物体的结构是有层次的，如下图所示

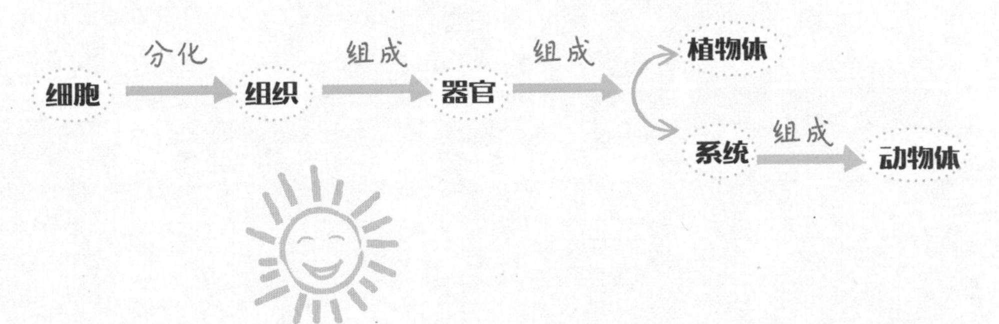

第三单元
生物圈中的人

你知道为什么大人们总在提醒我们不要挑食，而我们又为什么每天都需要按时吃饭吗？

雾霾天要戴口罩；剧烈运动时我们会感觉自己的胸腔要"炸"了，大口大口喘气，这是为什么呢？

血液在血管内流淌，几乎遍布全身各处，有什么用呢？

人有三急，憋尿可对身体不健康，排尿的意义是什么呢？

学习了这一单元，你会更了解你自己。

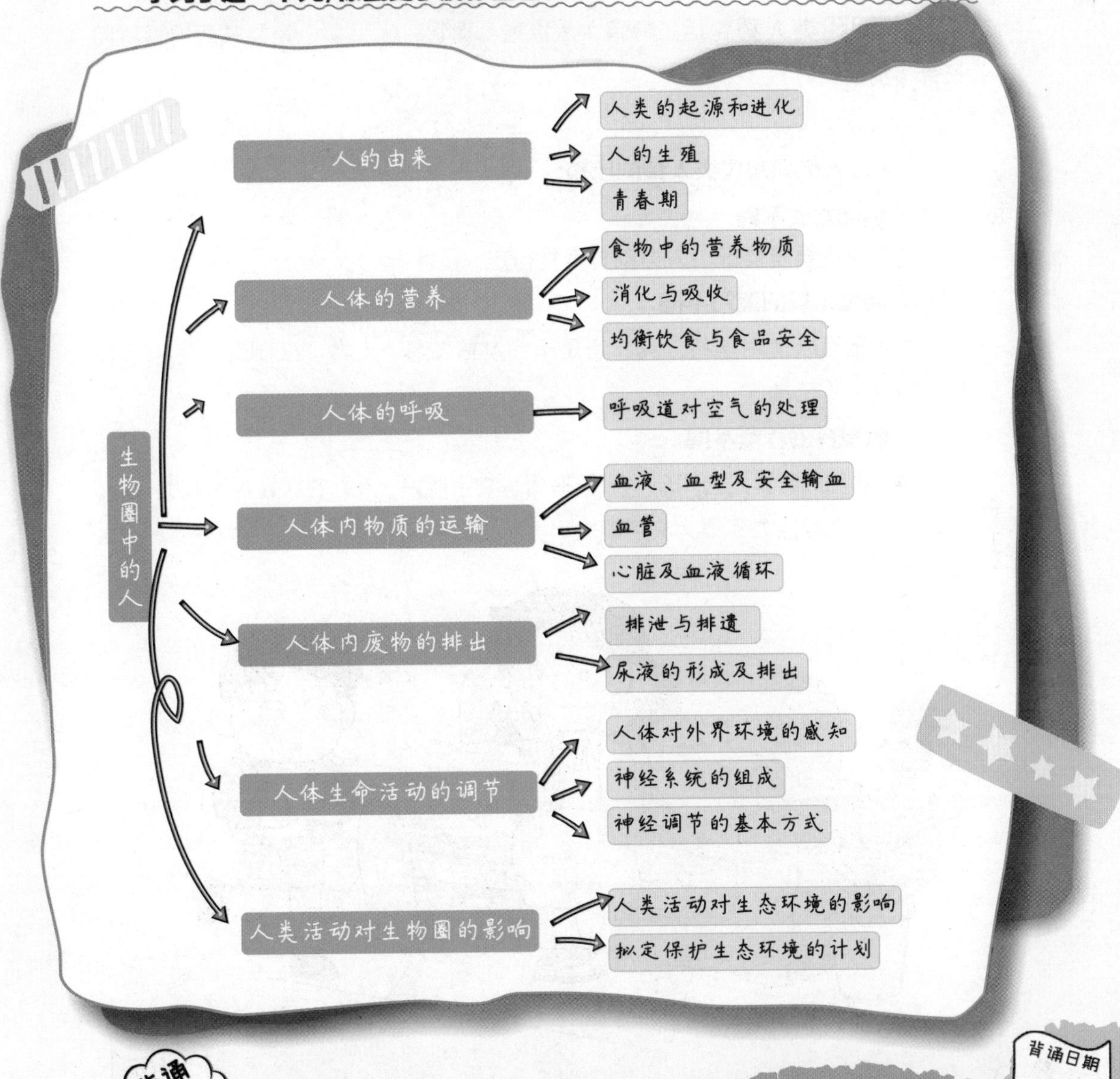

背诵打卡

背诵日期

第1天 第2天 第4天 第7天 第15天 第30天 第90天

F56

一 . 人类的起源和发展

1. 现代类人猿和人类的共同祖先是**森林古猿**。提出这一说法的科学家是达尔文。

2. **现代类人猿**包括长臂猿、黑猩猩、猩猩、大猩猩，是灵长目猩猩科和长臂猿科的统称。

（1）人类和现代类人猿的比较：

①运动方式不同：

类人猿主要是臂行，人类则是直立行走。

②制造工具的能力不同：

类人猿可以使用自然工具，但是不会制造工具；人类可以制造并使用各种简单和复杂的工具。

③脑发育的程度不同：

类人猿脑的容量约为 400 ml，没有语言文字能力；人脑的容量约为 1200 ml，具有很强的思维能力和语言文字能力。

相同点: 具有复杂的大脑和宽阔的胸廓，相似的面部表情和骨骼成分，相同点还有牙齿的结构与数目、眼的位置、外耳的形状、血型、行为表现及寿命长短等。

（2）**从猿到人的进化**

由于森林大量消失，一部分森林古猿不得不下地生活，由于环境的改变和自身形态结构的变化，它们一代一代地向**直立行走**的方向发展，前肢则解放出来，能够使用树枝、石块等来获取食物、防御敌害，臂和手逐渐变得灵巧。

古人类制造的工具越来越复杂，并且能够用火，大脑也越来越发达，在群体生活中产生了语言。

进化历程:

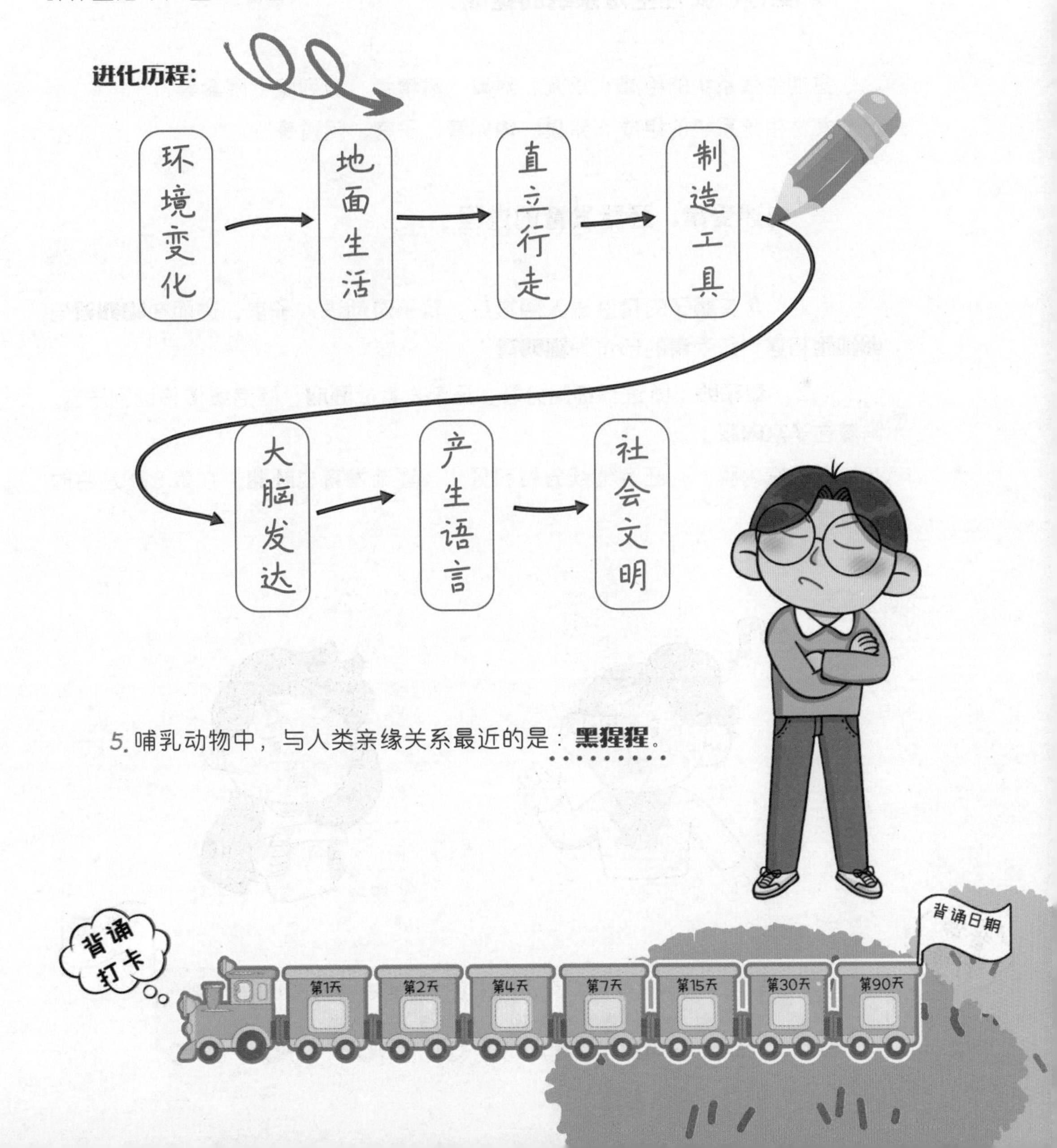

5. 哺乳动物中，与人类亲缘关系最近的是：**黑猩猩**。

背诵打卡
背诵日期
第1天
第2天
第4天
第7天
第15天
第30天
第90天

二.人的生殖

1.人体的生殖系统可以产生**两性生殖细胞**，通过**受精作用**产生新的个体。

2. 男性、女性生殖系统的组成：

男性生殖系统的组成：睾丸、附睾、输精管、前列腺、阴囊等。
女性生殖系统的组成：卵巢、输卵管、子宫、阴道等。

3. 描述受精、胚胎发育的过程：

（1）含有**精子**的精液进入阴道后，精子游动进入子宫，进而在**输卵管**与**卵细胞**相遇。即受精的部位为**输卵管**。

（2）**受精卵**不断进行细胞分裂，逐渐发育成**胚泡**，胚泡缓慢移动到子宫，附着在**子宫内膜**上。

在子宫内膜上，胚泡继续分裂和分化，逐渐发育成**胚胎**，在第 8 周左右时发育成胎儿。

（3）子宫是胚胎发育的场所，胎儿生活在羊水中，通过**胎盘**、**脐带**从母体获得营养物质和氧；

胎儿产生的二氧化碳等废物，通过胎盘经母体排出。

胎儿与母体进行**物质交换**的结构是**胎盘**。

（4）成熟的胎儿和胎盘从母体的阴道产出，这个过程叫做**分娩**。

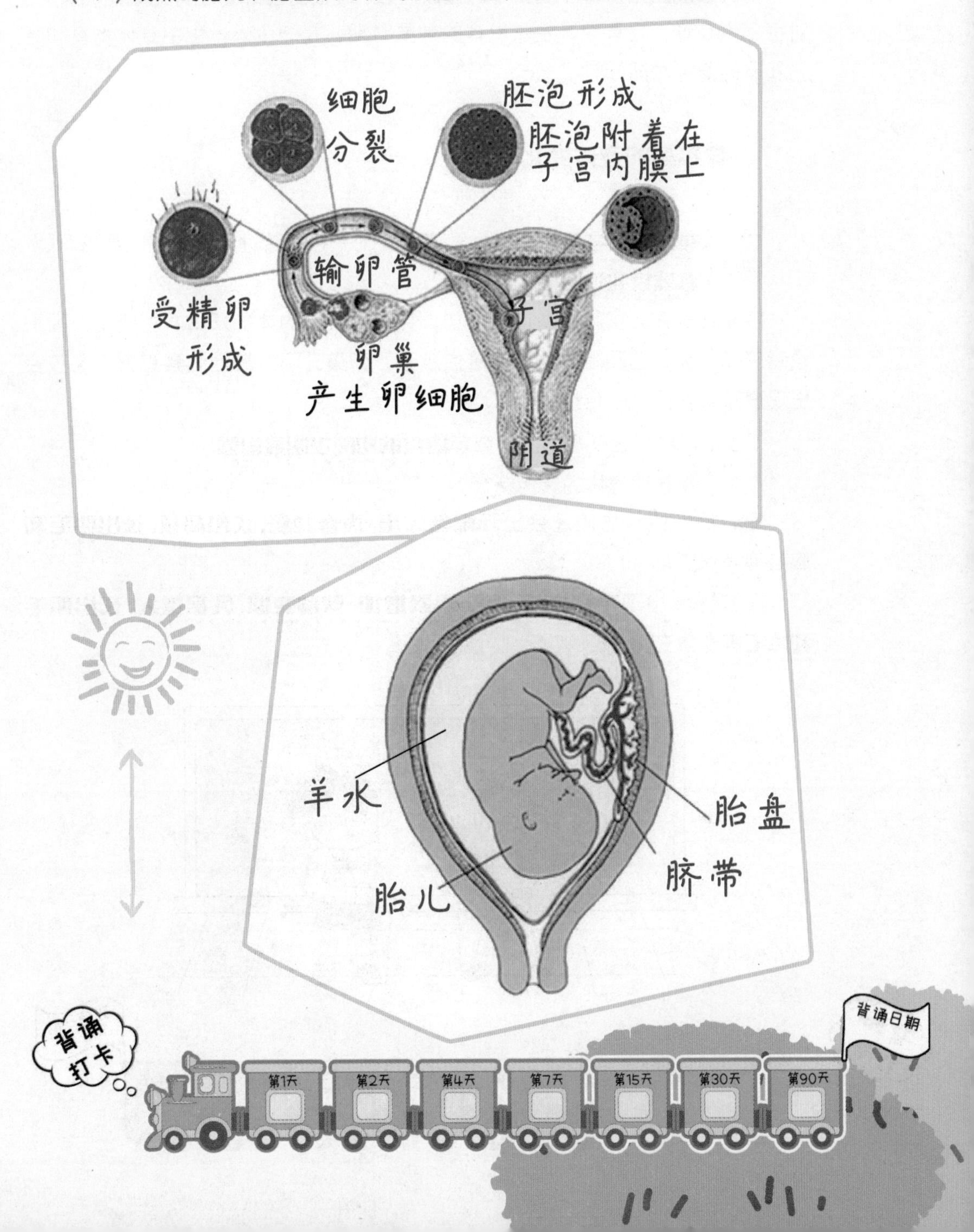

三.青春期

1.**青春期**是指从童年到成年的过渡阶段，是性器官开始发育到成熟的阶段。对每个人来说，青春期是生长发育的重要时期，是一个人一生中身体发育和智力发展的黄金时期。

2.青春期的身体变化

（1）**身高突增**是青春期一个显著特点。一般女孩进入青春期比男孩早。

（2）**性器官和性成熟**。

随着性器官体积和质量迅速增加，男孩和女孩的体形开始发生变化，区别也越来越明显，这和睾丸分泌的雄性激素，卵巢分泌的雌性激素有关。男孩会出现遗精，女孩会来月经。

（3）神经系统以及心脏和肺等**器官的功能也明显增强**。

（4）青春期身体的其他特征

青春期阶段，男孩还会出现**喉结突出、声音变粗、长出胡须、长出阴毛和腋毛**等身体变化；

女孩还会出现**声音变细、脂肪积累增加、臀部变圆、乳房增大、长出阴毛和腋毛**等身体变化。

3. 青春期的心理变化及其卫生

（1）**心理变化**

有强烈的独立意识，遇到挫折又具有依赖性，渴望得到家长和老师的关怀。

性意识开始萌动，开始意识到两性差异并关注异性。

内心世界逐渐复杂，有的事情不想跟家长交流，有了自己的秘密和私人空间。

（2）**心理卫生**

应该树立远大理想，培养高尚的道德情操，把自己的主要精力投入到学习和培养自己多方面的才能上。

积极参加各种文体活动和社会活动，同学之间相互帮助，共同进步。

正确认识男女同学之间的关系，做到男女相处有礼有节，行为举止大方，谈吐文雅庄重。肯于向老师、家长敞开心扉，主动寻求师长的帮助和指导，以便自己更快成长，健康地度过人生的金色年华。

4. 第一性征 VS 第二性征

✓ **第一性征**是指男性与女性生殖器官的差异，是人出生后就有的差异，又称主性征。

✓ **第二性征**是指男女出现的除第一性征之外的性别差异。男性第二性征主要表现为胡须、腋毛等的生长，喉结突出，声音变粗，声调较低等。女性第二性征主要表现为骨盆变宽，乳房增大，声调较高等。

四.食物中的营养物质与营养素

1.食物中的营养物质与功能：

（1）三大供能物质：糖类、脂肪和蛋白质都是组成细胞的主要有机物，为生命活动**提供能量**。

营养成分	主要作用	食物来源	缺乏症状
糖类	主要的供能物质	谷物、甘薯等	低血糖或者瘦弱
脂肪	备用的能源物质	植物油和动物油	瘦弱等
蛋白质	建造和修复身体的重要原	豆类、瘦肉、蛋类等	营养不足、贫血等

（2）三大不提供能量的物质：**水、无机盐、维生素**。

①**水**：人体细胞的主要成分之一，**大约占体重的60% ~ 70%**；人体的各项生命活动，离开水都无法进行；人体内的营养物质以及尿素等废物，只有溶解在水中才能运出。

②**无机盐：**指无机化合物中的盐类，也叫矿物质，它们在人体内的含量不多，仅占体重的4%左右，但它是构成人体组织的重要原料。人体中已发现20多种无机盐，常见的有钙、磷、钾、铁等。

③**维生素：**维持人正常的生理功能必需的有机物，种类很多，不是构成细胞的主要原料，不为人体提供能量，人体需要的量也很小，但其作用不可代替。

无机盐、维生素的缺乏症和食物来源

无机盐	缺乏症	食物来源	维生素及缺乏症	食物来源
缺钙 →	儿童：佝偻病 老年：骨质疏松症	奶类、蛋类、豆类、虾皮等	**维生素D** 佝偻病、骨质疏松症	动物肝脏、蛋类、奶类等
缺碘 →	地方性甲状腺肿大、呆小症	海带、紫菜、加碘盐、虾等	**维生素C** 坏血病	蔬菜水果
缺铁 →	缺铁性贫血	动物肝脏、菠菜、豆类、蛋	**维生素A** 夜盲症、干眼症	动物肝脏、蛋、奶、鱼肝油等
缺磷 →	厌食、贫血、肌无力、骨痛等	瘦肉、鱼、奶、蛋类、豆类等	**维生素B1** 神经炎、脚气病	稻、麦等谷物的种皮、豆类、蛋类等
缺锌 →	生长发育不良，味觉发生障碍	花生、豆类、蛋类、肉类等		

五.消化与吸收

1.人体消化系统：由消化道和消化腺组成的。

★消化道由【11】口腔、【13】咽、【2】食道、【3】胃、【9】小肠、【8】大肠、【12】肛门等器官组成。

★消化腺包括【1】唾液腺、【4】肝脏、【7】胰脏等器官以及分布在消化道壁内的小腺体。

消化系统的主要功能消化和吸收。

★消化：食物在消化道内分解成可被细胞吸收的物质的过程。

练一练： 试着把对应的器官名称填到对应的横线上吧．

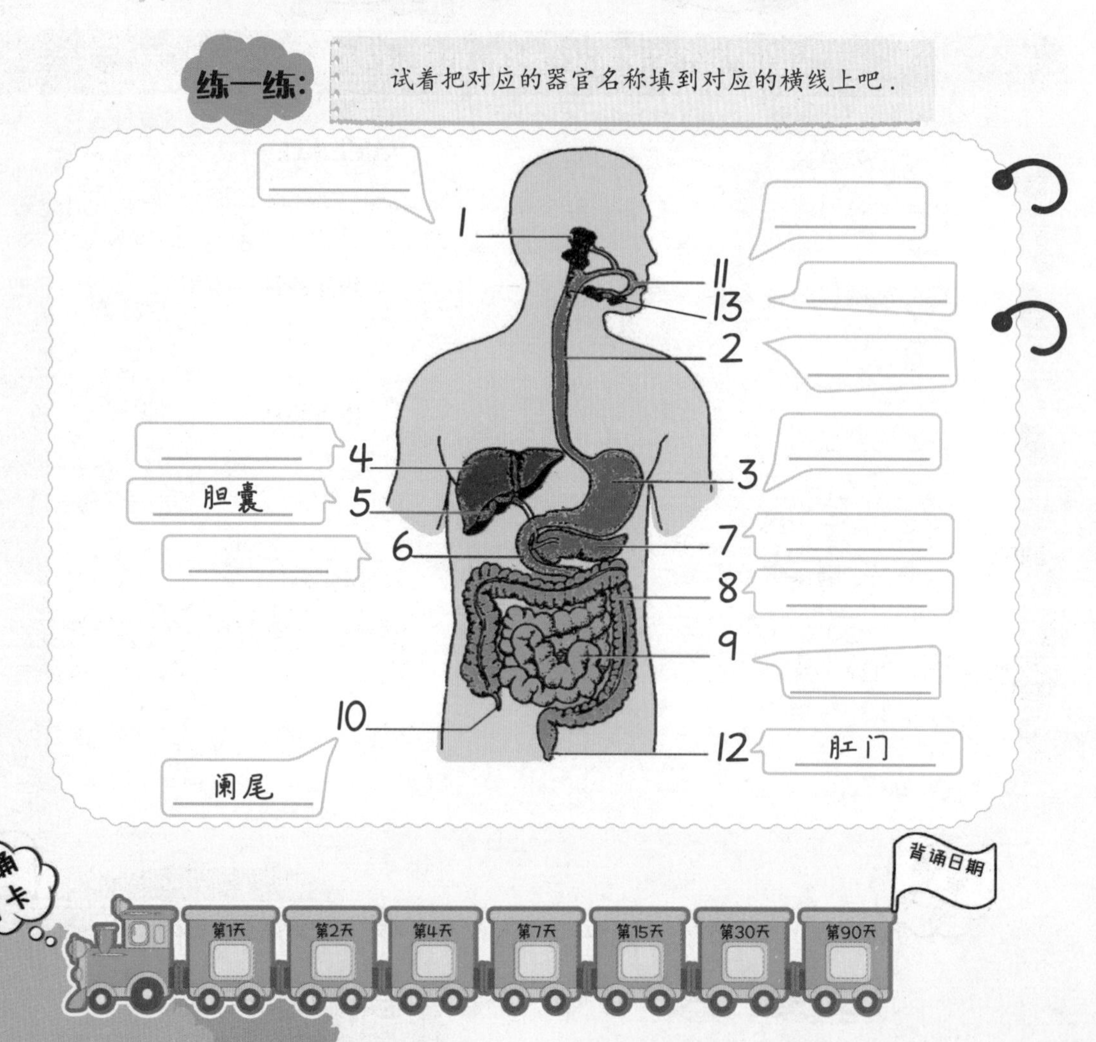

背诵打卡

背诵日期

第1天 第2天 第4天 第7天 第15天 第30天 第90天

2. 淀粉、蛋白质和脂肪的消化、吸收规律总结：

营养物质	开始消化部位	主要消化部位	所需消化液
淀粉	口腔	小肠	唾液、肠液、胰液
蛋白质	胃		胃液、肠液、胰液
脂肪	小肠		胆汁、肠液、胰液

3. 小肠那些便于消化和吸收的特点：

A. 小肠是消化道最长的一段，保证食物完全消化和吸收。成年人的小肠全长有 5~7 米长。

B. 内表面积大，内部有许多**环形皱襞**和**小肠绒毛**，提高了消化和吸收的面积。成年人的小肠内表面积有约 200 平方米大。你的教室面积你知道有多大吗？

C. 小肠的毛细血管丰富而且小肠绒毛壁、毛细血管壁非常薄，都只由一层细胞构成，有利于营养物质的吸收。

D. 含有**多种消化液**。

小肠适于吸收的特点包括：ABC ；小肠适于消化的特点包括：ABD。

六.均衡饮食与食品安全

1. **合理营养**是指全面而平衡的营养，即六类营养物质和膳食纤维种类要齐全，摄取的各类营养物质的量要合适，与身体的需要保持平衡。

2. **根据平衡膳食宝塔合理设计食谱：**

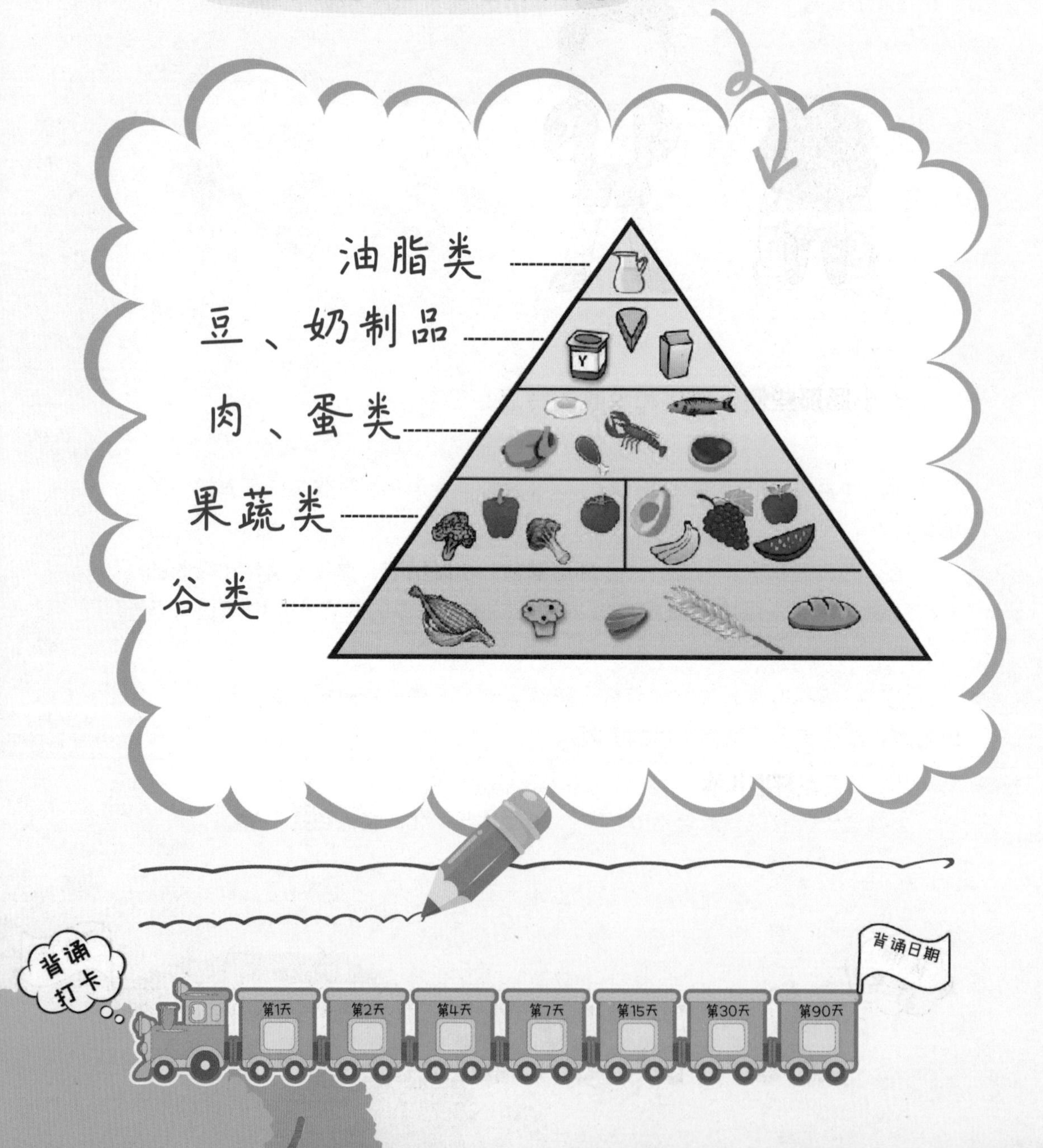

背诵打卡

背诵日期

第1天 第2天 第4天 第7天 第15天 第30天 第90天

（1）每天均衡地吃“平衡膳食宝塔”中的五类食物：**即粮谷类应吃得最多，果蔬类要吃得较多，鱼、肉、蛋奶类吃得适量，油脂类吃得最少**。

（2）保证每日三餐，按时进餐；每日摄入的总能量中，**早、中、晚餐的能量应分别占30%、40%、30%左右**。

（3）青少年处于生长发育阶段应多摄取含**蛋白质**丰富的食物。还要做到不偏食、不挑食、不暴饮暴食。

3．绿色食品

（1）概念：在我国，将产自良好生态环境的、无污染、安全、优质的食品，统称为绿色食品。

（2）标志：

无公害食品　　绿色食品　　有机食品

无公害食品是农药残留、重金属和有害微生物等卫生质量指标达到了无公害食品标准的食品

有机食品是不使用农药、激素、化肥等有害物质国际公认的最安全的食品。

绿色食品是限量使用农药、化肥、激素等有害物质的食品

七．呼吸道对空气的处理

1.人体呼吸系统的组成

呼吸系统包括**呼吸道**和**肺**，其功能是从大气中摄取代谢所需要的**氧气**，排出代谢所产生的二**氧化碳**。

呼吸道包括**鼻、咽、喉、气管和支气管**。

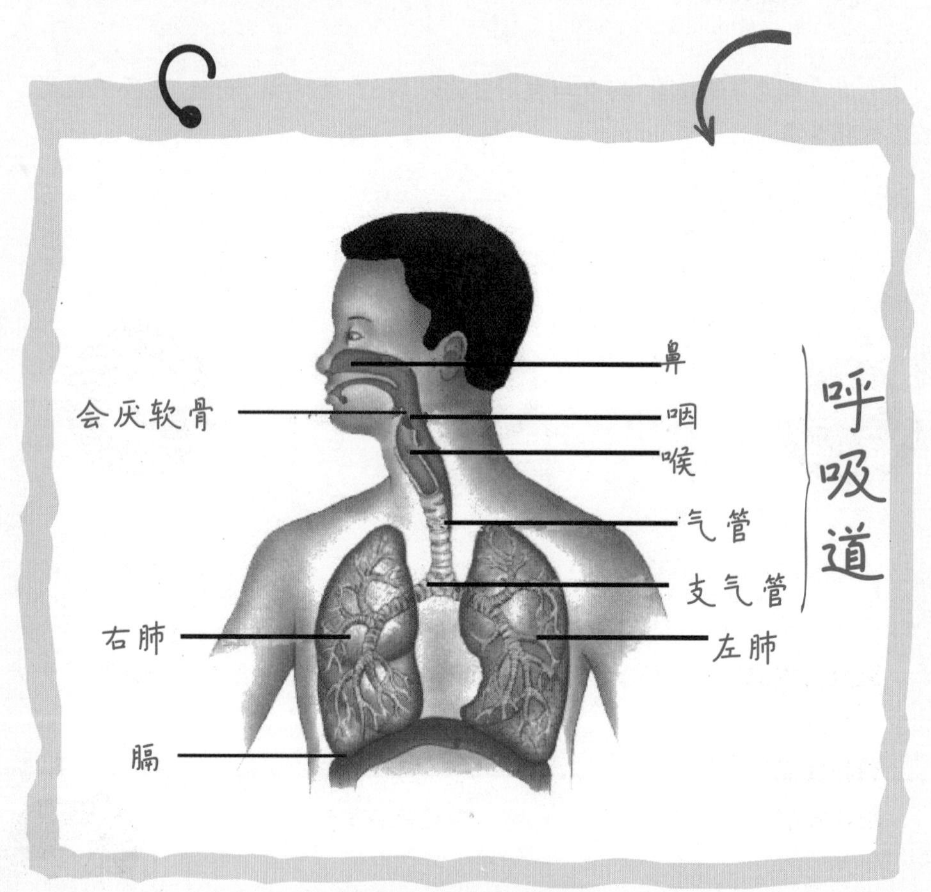

人的呼吸系统结构示意图

人在情绪冲动时，呼吸就会变得急促，甚至会出现过度换气的现象。这时肺泡就会不停扩张，没有时间收缩，所以很多人肺部会疼。这也是为什么常会有人在生气时说“肺要气炸了”。

2. 呼吸系统内各部分的特点，及呼吸道的作用

呼吸道都有骨或软骨做支架；

人体内的温度一般恒定在 37.5° C 左右；

鼻腔前部生有鼻毛，鼻毛可以阻挡空气中的灰尘、细菌，起到过滤空气的作用；

鼻腔内表面的黏膜可以分泌粘液；

鼻腔黏膜中分布着丰富的毛细血管；

气管内壁腺细胞分泌粘液，使气管内湿润；

气管内有纤毛，向咽喉方向不停摆动，把外来的尘粒、细菌和粘液一起送到咽部，通过咳嗽排出体外。

呼吸道不仅能保证气体**顺畅通过**；而且还能对吸入的气体进行处理，使到达肺部的气体**温暖、湿润、清洁**。

3. 生活小百科

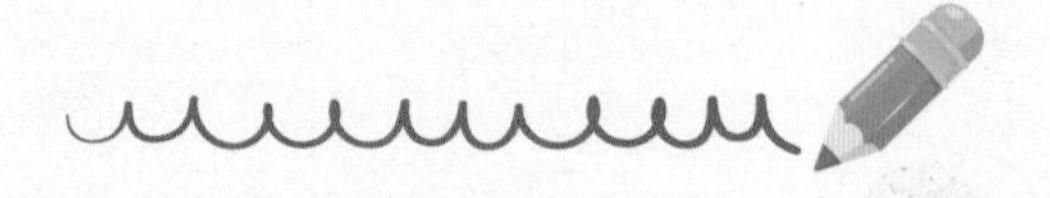

（1）“食不言”的道理

咽既是呼吸器官又是消化器官，它是食物和气体共同的通道。边吃饭边说笑，就有可能导致会厌软骨来不及盖住喉口，食物误入气管，引起剧烈咳嗽。

（2）声音的产生

声音是由喉部的声带发出的。喉既是呼吸器官又是发声器官，它能以软骨为支架，使喉腔内气流畅通。

（3）痰的形成部位——**气管、支气管**

拓展

常见的呼吸系统疾病

（1）**肺炎**是一种由细菌、病毒等感染引起的严重疾病，常表现为发烧、胸部疼痛、咳嗽、呼吸急促等。

（2）**尘肺**是长期在粉尘较多的场所工作的人容易患的一种职业病，严重时表现为胸闷、呼吸困难等症状。

（3）**哮喘**是支气管感染或者过敏引起的一种疾病，常由吸入花粉、灰尘等物质引起。患哮喘时，由于气体进出肺的通道变窄，人会出现呼吸困难的症状。

八.血液、血型和安全输血

1.血液的组成及功能：

血液由**血浆和血细胞**构成，血细胞包括红细胞、白细胞和血小板。
血液不仅具有运输作用，而且还具有**防御和保护**作用。

2.血液的成分及功能：

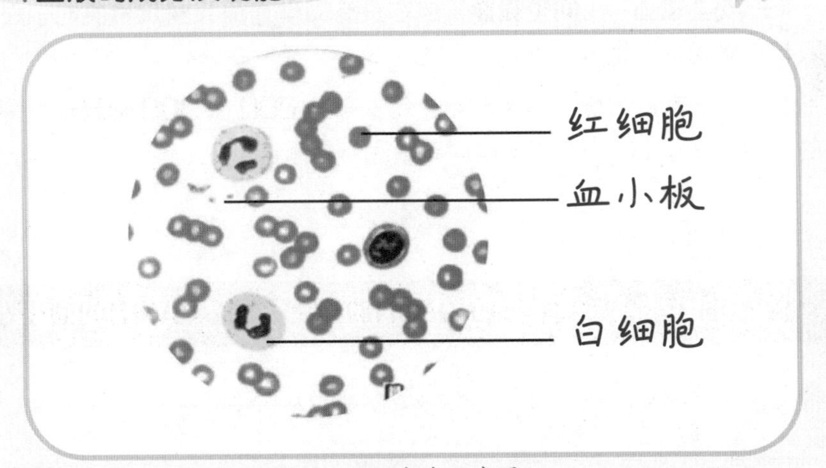

人血涂片示意图

血液成分		形态特点	功能	异常
血细胞	血小板	最小，不规则	凝血、止血	过少：伤口流血不止
	白细胞	最大，形态多	吞噬病菌	增多：可能患炎症
	红细胞	两面凹的圆盘状	运输氧	少：贫血
血浆		90%的成分是水，这些水分溶解了血浆蛋白、无机盐 等各种物质	运载血细胞，运输营养物质和废物	/

3. 安全输血：

（1）**血量**：成年人的血量大致相当于本人体重的 **7% ~ 8%**。

（2）医学研究表明，对于一个健康的成年人来说，一次失血超过血液总量的 10% 时，可能出现轻度的头晕症状。当失血量超过总血量的 20% 时，就会出现头晕、眼前发黑、出冷汗甚至休克等症状。而当一次性失血超过总血量的 30% 时则可能会有生命危险。

（3）ABO 血型：按照红细胞所含 A、B 凝集原的不同，把人类血液大致分成四型：A 型、B 型、AB 型和 O 型。

（4）安全输血——**同型输血**，但在没有同型血而又情况紧急时，任何血型的人都可以缓慢地输入少量的 O 型血。

（5）无偿献血制度：健康成年人每次献血 **200 ~ 300 毫升**是不会影响健康的。我国提倡 18 ~ 55 周岁的健康公民自愿献血。

血型	可接受的血型	可输给的血型
A	A、O	A、AB
B	B、O	B、AB
AB	AB、A、B、O	AB
O	O	A、AB、B、O

无偿献血是无私奉献、救死扶伤的崇高行为，无偿献血就意味着帮助了急需血液的病人。不过，要年满 18 周岁才可以献血哟。

九．血管、心脏与血液循环

1. 血管的类型：

动脉：把血液从心脏带去身体各部分去的血管。

毛细血管：连通于最小的动脉和静脉之间，便于血液与组织细胞充分进行物质交换。

静脉：将血液从身体各部分带去心脏的血管。

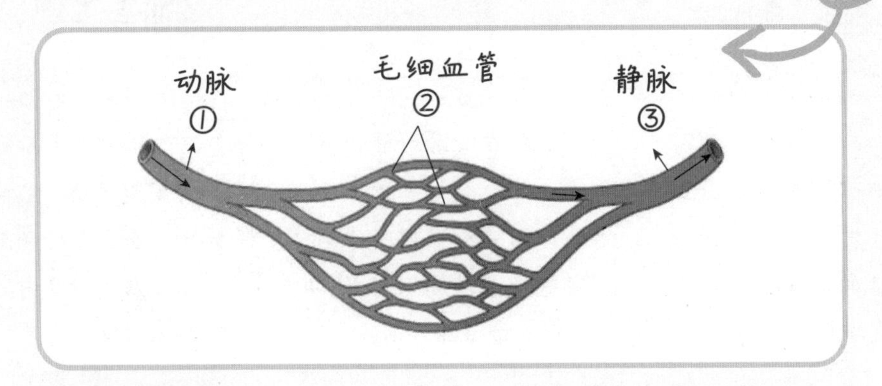

2. 心脏的结构：

心脏是一个主要由**肌肉**组成的器官，左右不相通。结构如下图所示：

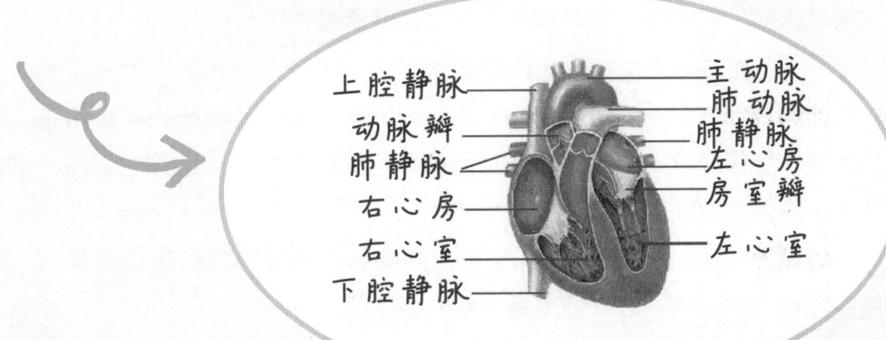

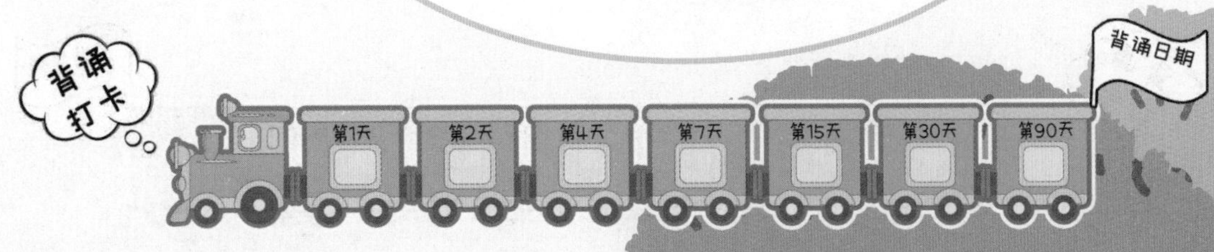

心房与心室之间，心室与动脉之间都具有能开闭的**瓣膜**，这些瓣膜只能朝一个方向开，能够防止血液的倒流。

保证血液只能朝一个方向流动——**心房→心室→动脉**。

一次心跳包括了心脏的收缩与舒张的过程。

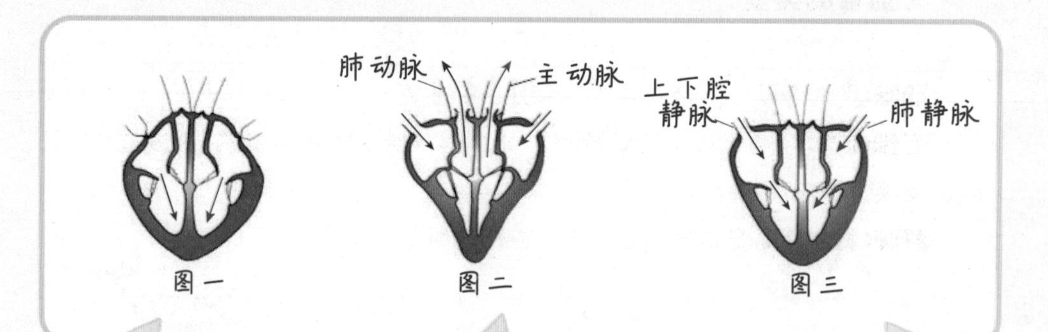

左右心房收缩，左右心室舒张，房室瓣开放，动脉瓣关闭，心房的血液被压至左心室和右心室。

左右心房舒张，房室瓣关闭，全身各处的血液流回心房；同时，左右心室收缩，动脉瓣开放，心室的血液被压入动脉。

心室收缩后舒张，房室瓣开放，动脉瓣关闭，全身各处的血液流回心房，心房内的血液流入心室。

3. 血液循环：

（1）血液循环系统包括**心脏、动脉、静脉、毛细血管和血液**，其功能是运输氧气、二氧化碳、营养物质、废物和激素等物质。

（2）血液循环包括体循环和肺循环。

体循环：血液由心脏的左心室进入主动脉，在经过全身的各级动脉、毛细血管网、各级静脉，最后汇集到上腔静脉、下腔静脉，流回到右心房，这一循环途径称为体循环。

肺循环：血液从心脏的右心室进入肺动脉，经过肺部的毛细血管网，再由肺静脉流回左心房，这一循环途径称为肺循环。

十.人体内废物的排出

1.排泄：

（1）人体将二氧化碳、尿素、以及多余的水和无机盐等排出体外的过程叫做排泄。

（2）**排泄途径：**二氧化碳由呼吸系统排出体外，尿素等废物主要由泌尿系统形成尿液排出体外，还有一部分尿素由汗腺分泌汗液排出体外。具体如下

- 通过泌尿系统排尿，排出尿素、多余的水和无机盐。
- 通过呼吸系统呼气，排出二氧化碳和少量水分。
- 通过皮肤中的汗腺排汗，排出少量水分、尿素和无机盐。

（3）**排尿的意义：**人体排尿，不仅起到排出废物的作用，而且还能调节体内水和无机盐的平衡，维持组织细胞的正常生理功能。

（4）**排汗的作用：**汗液的蒸发能带走身体一部分热量，因此排汗还具有调节体温的作用。

十一.眼和视觉

眼睛是心灵的“窗户”，它有什么结构？我们是怎样看见物体的呢？

1. 眼球的结构：

人的眼球近似球体，由眼球壁和眼球的内容物构成。结构如图：

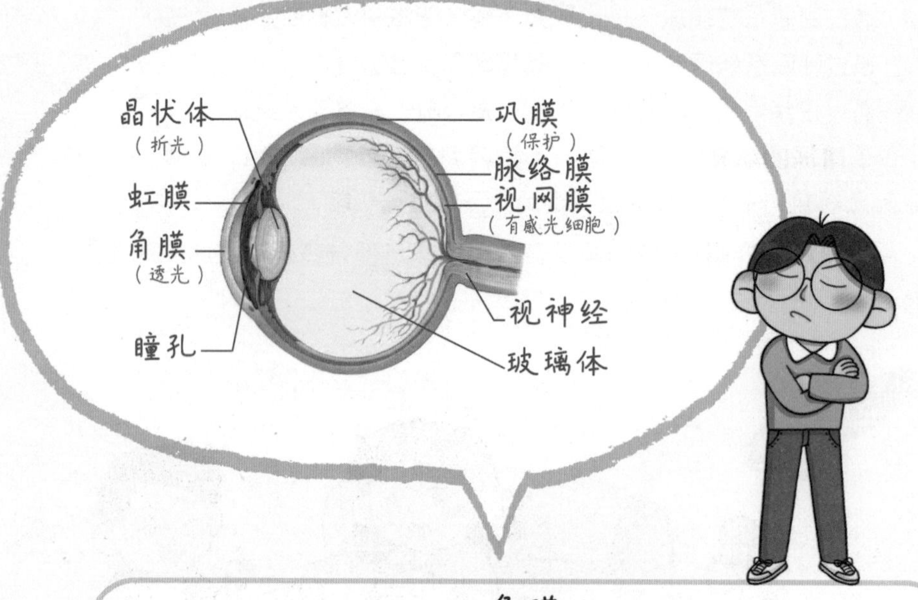

- 眼球
  - 眼球壁
    - 外膜：角膜、巩膜（白眼球）
    - 中膜：虹膜（黑眼球）、脉络膜
    - 内膜：视网膜（视觉感受器）
  - 内容物：晶状体、玻璃体

2. 视觉形成过程：

外界物体反射来的光线，依次经过角膜、瞳孔、晶状体和玻璃体，落在视网膜上形成一个物像。视网膜上有对光线敏感的细胞获得图像信息时，通过视觉神经将信息传递给大脑的特定区域，从而形成视觉。

光线 → 角膜 → 瞳孔 → **晶状体**（折射光线）→ 玻璃体 → **视网膜**（形成物像）→**视神经**→**大脑皮层视觉中枢**（形成视觉）

3. 近视形成原因：

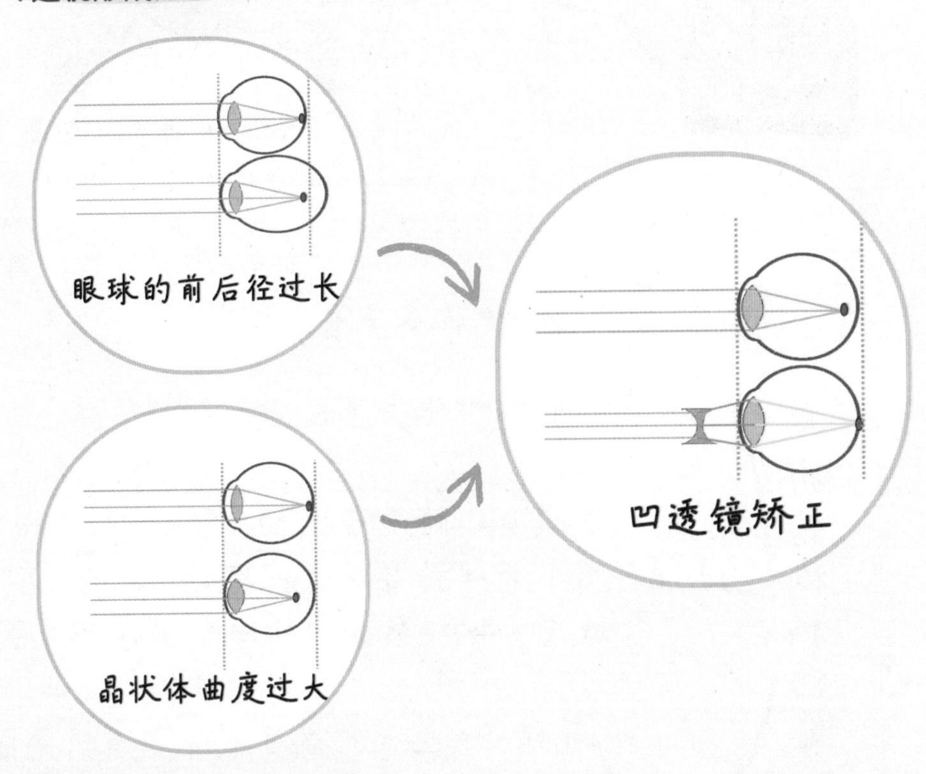

眼球的前后径过长或者**晶状体曲度过大**且不易恢复原大小，使得光线经过角膜和瞳孔后成像在了视网膜前。

近视眼矫正方法：**佩戴凹透镜。**

十二.耳和听觉

1.耳的基本结构

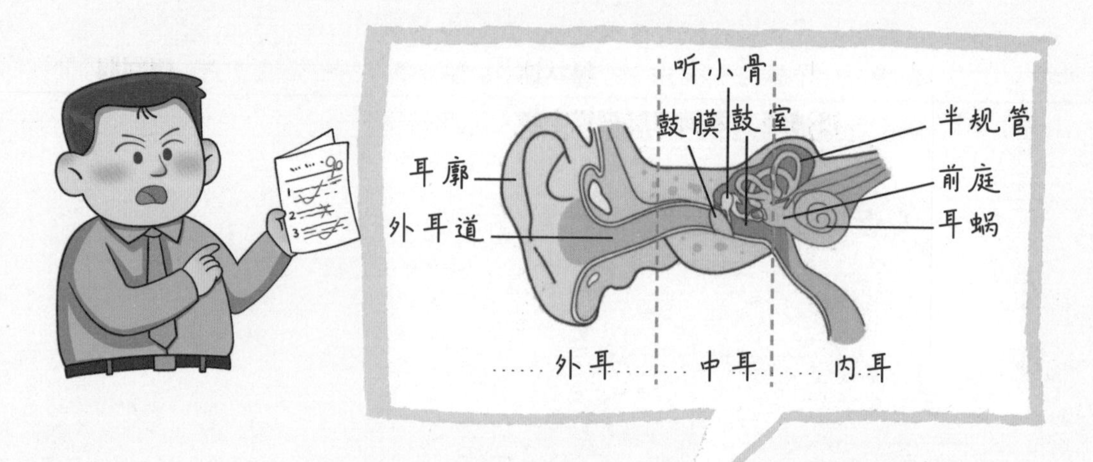

耳的结构和功能

- 外耳
  - 耳廓 → 收集声音
  - 外耳道 → 传导声波
- 中耳
  - 鼓膜 → 随声音振动
  - 听小骨 → 传导并放大振动
  - 鼓室 → 使鼓膜内外空气压力保持平衡
- 内耳
  - 耳蜗 → 里面充满了液体，有听觉感受器
  - 前庭、半规管 → 内有位觉感受器

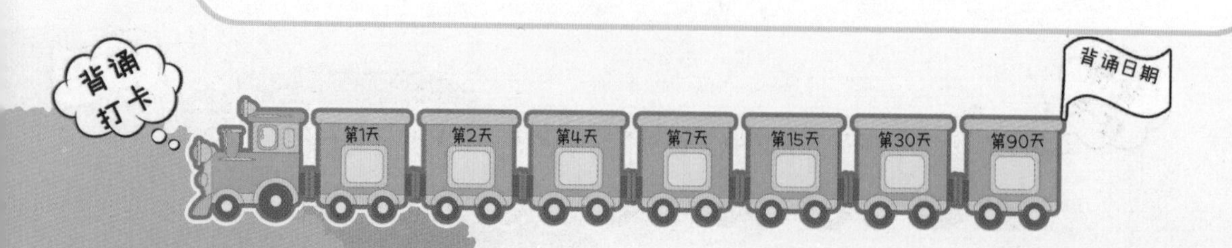

2. 听觉形成过程：

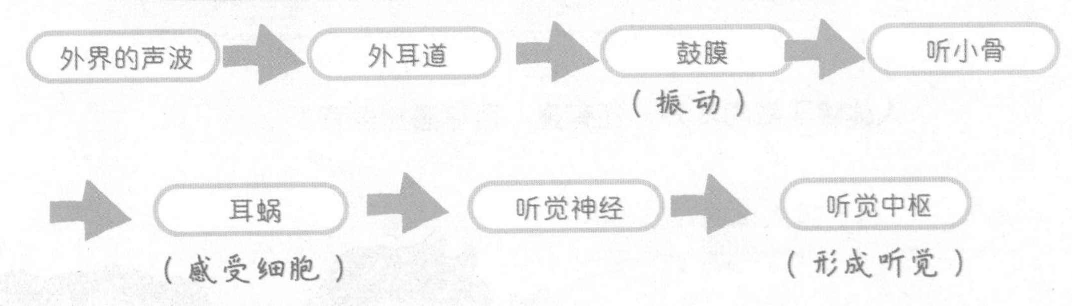

外界的声波经过外耳道传到鼓膜；
鼓膜的振动通过听小骨传到内耳；
刺激了**耳蜗内对声波敏感的感觉细胞**；
这些细胞就将声音信息通过听觉神经传给大脑的一定区域；
人就产生了听觉。

3. 耳和听觉的保护

遇到巨大声响时，迅速张口，使咽鼓管张开；
闭嘴、堵耳，**以保持鼓膜两侧大气压力平衡**；
鼻咽部有炎症时易引起**中耳炎**，因为**咽鼓管**可通向中耳。

十三.人体的其他感觉器官

人体除了眼和耳外，还有鼻、舌等感觉器官。

1.舌：是人体的味觉器官

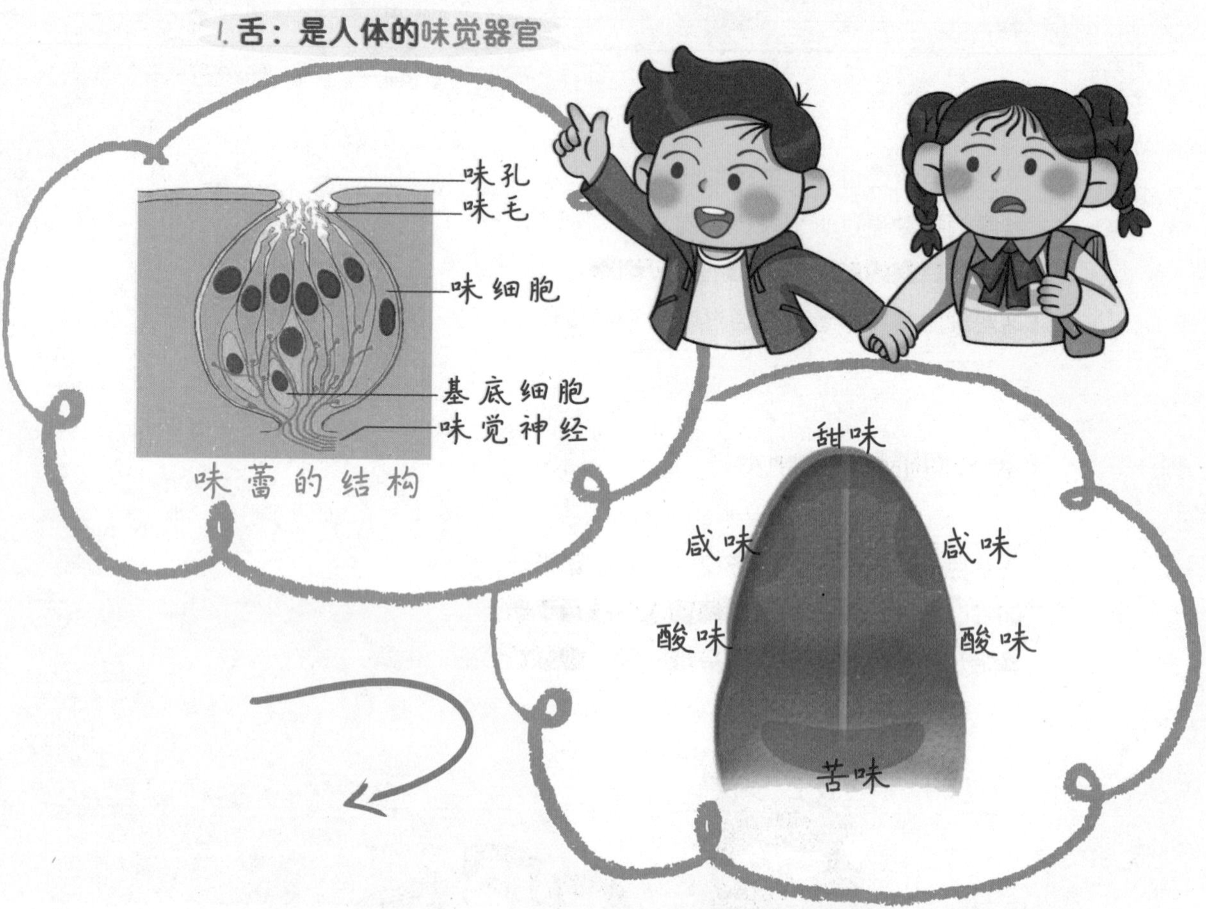

味蕾的结构

（1）**味蕾：**主要分布在舌的背面，特别是舌尖和舌面两侧。味蕾中的味觉细胞为味觉感受器，能够感受液态物质的刺激，产生兴奋。

（2）**味蕾能分辨四种基本味觉：**酸、甜、苦、咸。舌尖对甜、咸最敏感，对苦、酸也敏感；舌的外侧对酸最敏感，舌根对苦最敏感。注意，辣是痛觉，不是味觉。

2. 皮肤：人体的触觉器官，能感受冷、热、触压、痛等刺激。

（1）触觉：可由人的皮肤接触物体引起。指尖对触觉敏感。盲人主要依靠手指引起的触觉“阅读”盲文。

（2）痛觉：可由机械的刺激、电的刺激等造成皮肤损伤引起。

（3）热觉和冷觉（温度觉）：外界温度比皮肤温度高时引起热觉，皮肤接触到冰冷的物体引起冷觉。

（4）皮肤也能感受外界物体的大小、形状、软硬、冷热等多种信息。皮肤对这些信息的接收，可使人体避开有害刺激，利于生存。

3. 鼻：是人体的嗅觉器官。

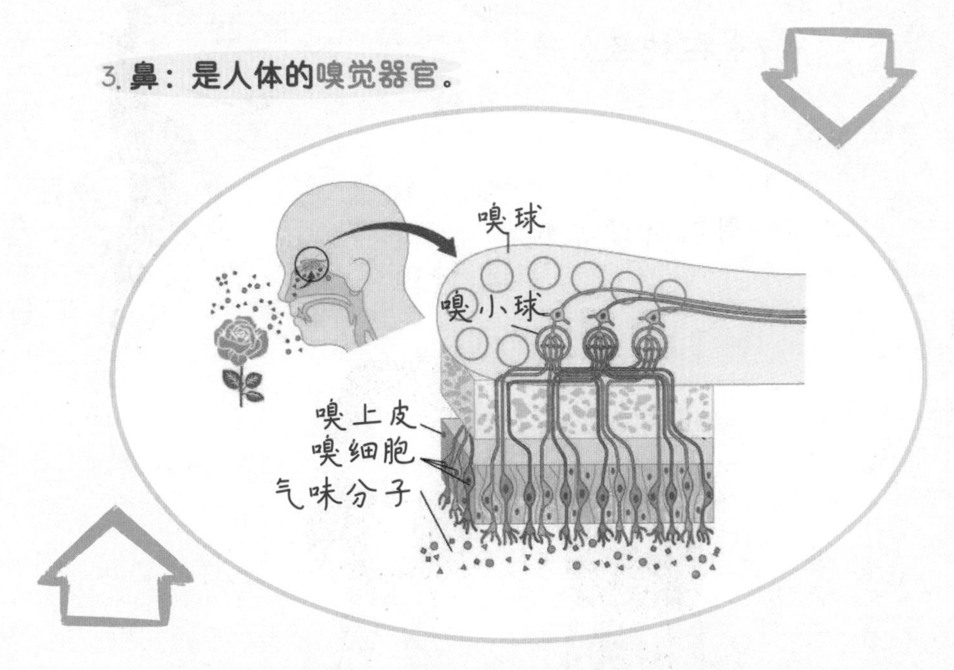

（1）鼻黏膜与嗅细胞：鼻腔上端的黏膜中有许多对气味十分敏感的嗅细胞，可以感知外界空气中的各种气味。

（2）嗅觉：嗅细胞产生的兴奋经过嗅神经传导到嗅觉中枢，形成嗅觉。

（3）嗅细胞在长时间接受某一种气味的刺激会产生适应性，对该种气味暂时失去敏感度。即“入芝兰之室，久而不闻其香”的原因。

十四.神经系统的组成

1.神经系统的组成及功能：

神经系统是由**脑、脊髓和由它们发出的神经**组成的。

脑和脊髓是神经系统的**中枢部分**，脑神经和脊神经是神经系统的**周围部分**。

大脑皮层是调节人体生理活动的最高级中枢。

脊髓控制低级的、简单的反射。

神经系统中的各个部位：

脊髓: 中枢神经系统的低级部位，脑与躯干、内脏之间的联系通路，能对外界或体内的各种刺激产生有规律的反应。

大脑: 中枢神经系统的高级部分，具有感觉、运动、语言等多种神经中枢。脑分为脑干、间脑、大脑和小脑四部分。

小脑: 使人运动协调；维持身体平衡。

脑干: 调节心跳、呼吸、血压等人体基本生命活动。

2. 神经系统结构和功能的基本单位——神经元

神经元的功能是能够**接受刺激产生兴奋**，并将兴奋**传递**到其他的神经元。

十五.神经调节的基本方式

1. **神经调节的基本方式——反射。**

2. **反射：** 人体通过神经系统，对外界或内部的各种刺激所发生的有规律的反应。如老马识途、鹦鹉学舌、排便、排尿等。

只有建立在神经系统基础上的反应才叫反射。含羞草的叶片被碰触后合拢不是反射，因为含羞草没有神经系统。

3. **反射的类型：** 简单反射和复杂反射

反射类型	形成	神经中枢	举例
简单反射（非条件反射）	生来就有	脊髓、脑干等	缩手反射、眨眼反射、排尿反射
复杂反射（条件反射）	出生后逐渐形成	大脑皮层	听到喇叭声躲车；望梅止渴；谈梅止渴

4. 人类所特有的复杂反射

原因：人和动物一样，可以对具体的刺激（如食物、光、声音等）建立起复杂反射，但是人和动物是有区别的，人类还能对**抽象的语言、文字等信息**发生反应，从而建立起人类所特有的复杂反射。人类之所以能对抽象的语言、文字等信息发生反应，主要是因为人的大脑皮层中有人类所特有的神经中枢一**语言中枢**。

举例：吃过酸杏的人听到有关吃酸杏的描述导致唾液分泌量增多，是语言文字刺激的结果。

拓展

排尿（便）反射属于受大脑皮层控制的简单反射。

（1）人一出生就有排尿（便）现象，因此排尿（便）属于简单反射，但人又能有意识地控制排尿（便），说明它又受大脑皮层的控制。

（2）婴儿大脑皮层等发育还不完善，所以会有尿床等现象。

（3）若成年人遭受意外事故，使脊髓从胸部折断，脊髓中的排便、排尿中枢失去大脑皮层的控制，就会出现大小便失禁的情况。

十六.人类活动对生态环境的影响

1.**世界人口增长趋势：**从19世纪初10亿的人口总数，到2011年人口总数已突破70亿；

2.人口的增长对资源、环境和社会的影响

（1）对**资源**的影响：人均耕地面积少、威胁有限的水资源、威胁有限的矿产资源等。资源的紧缺与分配不均更容易催生战争。

（2）对**环境**的影响：污染环境。

（3）对**发展**的影响：就业形势严峻、贫富差距日益悬殊、社会综合治安形势严峻、社会资源配置不合理、城市生活空间拥堵。

3.分析人类活动影响生态环境的事例

（1）人类活动可以**破坏环境**：砍伐森林，沙尘暴，鸟类数量减少，水华，排放烟雾，酸雨，垃圾围城等。

乱砍滥伐森林，降低了森林涵养水源的能力，造成河流流量减少、水土流失加剧，破坏了原始林资源。

过度放牧、滥伐森林植被，工矿交通建设尤其是人为过度垦荒破坏地面植被，形成大面积沙漠化土地，加速沙尘暴的形成。

工业废气是大气污染和环境污染的重要组成部分，是造成我国大部分地区出现雾霾天气的主要原因之一。

人类向大气中**排放大量酸性物质**会形成酸雨，酸雨导致土壤酸化，影响植物生长，甚至导致农作物死亡。酸雨还会腐蚀建筑物和雕像。

（2）人类活动可以**改善环境**：①植树造林②保护鸟类③建立自然保护区。

4. 生物入侵

（1）**概念**：生物随着商品贸易和人员往来迁移到新的环境中并对新环境造成严重危害的现象。

（2）**危害**：入侵的生物进入新的环境中，一方面在新环境中缺少天敌，另一方面有适合其生长繁殖的外界条件，最终会使它们以惊人的速度繁殖起来，严重破坏生态平衡，破坏生物多样性，并加速本地物种的灭绝。

十七.拟定保护生态环境的计划

1.困扰地球的十个环境问题：气候变暖、臭氧层破坏、森林锐减、酸雨蔓延、土地荒漠化、有害排放物有增无减、污水横流、垃圾成山、物种濒临灭绝、耕地减少。

环境保护对人类的发展具有极大的意义。

2.生活垃圾分类

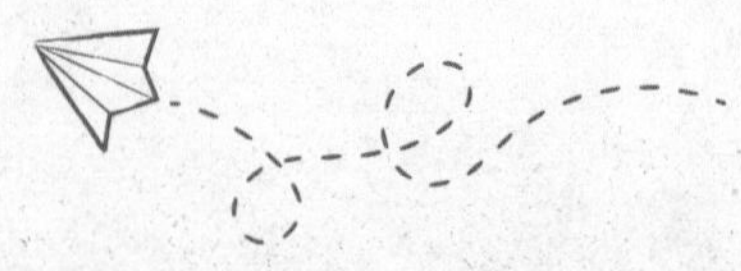

生活垃圾一般可分为四大类：**可回收垃圾、厨余垃圾、有害垃圾和其他垃圾。**“垃圾分一分，城市美十分”！

可回收物

适宜回收和可循环再利用的废弃物，包括纸张、塑料、金属、织物、玻璃、电子产品等。

有害垃圾

对人体健康或者自然环境造成直接或者潜在危害的废弃物，包括电池、荧光灯管、含汞温度计和血压计、药品、油漆、溶剂、杀虫剂、消毒剂及其容器，胶片及相纸等。

易腐烂、含有机质的生活垃圾，包括家庭厨余垃圾、餐厨垃圾和其他厨余垃圾等。

除前三项以外的生活垃圾。包括砖瓦陶瓷、渣土、卫生间废纸、纸巾等难以回收的废弃物。

3. 拓展：垃圾处理的主要方法

焚烧法：将垃圾置于高温炉中，使其中可燃成分充分燃烧，产生的热还可用于发电和供暖。

填埋法：将垃圾直接填入预备好的坑中，用土压实，使其在微生物的作用下发生一系列变化。填埋完成后，在地面上可以修建市民广场或运动场等。

堆肥法：将生活垃圾聚积成堆，利用微生物发酵分解其中的有机物后，再施回农田中。

小结 生物圈中的人

人的由来

人类的起源和进化

★现代类人猿和人的祖先是森林古猿

★直立行走是人与古猿的分界点

人类的起源和进化

★生殖系统：男性最重要的生殖器官——睾丸；女性最重要的生殖器官——卵巢。睾丸产生精子，卵巢产生卵细胞，精子和卵细胞结合生成受精卵

★受精部位：输卵管

★胚胎发育场所：子宫

青春期

★身体最显著的变化：身高突增

★心理变化

人体的营养

食物中的营养物质

★六大营养素

消化与吸收

★主要器官：小肠

均衡饮食与食品安全

人体生命活动的调节

人体对外界环境的感知

★眼和视觉

★耳和听觉

★其他器官

神经系统的组成

★中枢部分：脑和脊髓，脑由大脑、小脑和脑干组成

神经调节的基本方式

★反射：

反射的结构基础——反射弧

反射的类型：简单反射和复杂反射

人体内物质的运输

血液、血型及安全输血

★血液包括血浆和血细胞

★ABO血型可分为：A型、B型、AB型、O型

★安全输血原则：输同型血

血管

★动脉：从心脏流向全身

★静脉：从全身各处流回心脏

★毛细血管：只允许红细胞单行通过

心脏及血液循环

★心脏的结构及工作原理

★血液循环：体循环、肺循环

人类生活对生物圈的影响

人类活动对生态环境的影响

拟定保护生态环境的计划

1. **人类起源于森林古猿。**哺乳动物中，与人类亲缘关系最近的是黑猩猩。

2. **男性生殖系统**的组成有睾丸、附睾、输精管、前列腺、阴囊等。**女性生殖系统**的组成有卵巢、输卵管、子宫、阴道等。

3. **子宫是重要的孕育生命的场所。**

4. 人体的六大基本营养物质是**糖类、脂肪、蛋白质、无机盐、水和维生素**。

5. **消化系统**包括口腔、咽、食道、胃、小肠、大肠、肛门、唾液腺、肝脏、胰脏等部分。

6. 人应该合理安排谷类、果蔬、肉类、豆奶制品、油脂类等食物在日常饮食中的比重，才能维持身体健康。

7. 人的血型大致分为**A型、B型、AB型和O型四大类**。

8. **动脉将血液从心脏带去身体各部分**，而静脉将血液从身体各部分带去心脏的血管。

9. 人口增长给自然环境和资源带去了巨大的压力，更形成了诸多污染，为了保护我们共同的家园，**人类应该努力改善环境**。

10. 生活垃圾一般分为**可回收垃圾、厨余垃圾、有害垃圾和其他垃圾四大类**。

第四单元
生物圈中的其他生物

在生机盎然的生物圈中，生活着多少生灵！生产者、消费者、分解者，谁能离得开谁呢！

前面我们已经认识了生物圈中的绿色植物、生物圈中的人，那在生物圈中还有什么其他的生物呢？

动物？细菌？真菌？病毒？它们用什么样的结构能在这个地球上生存呢？让我们走进它们的世界，去看看它们是怎样生活的。

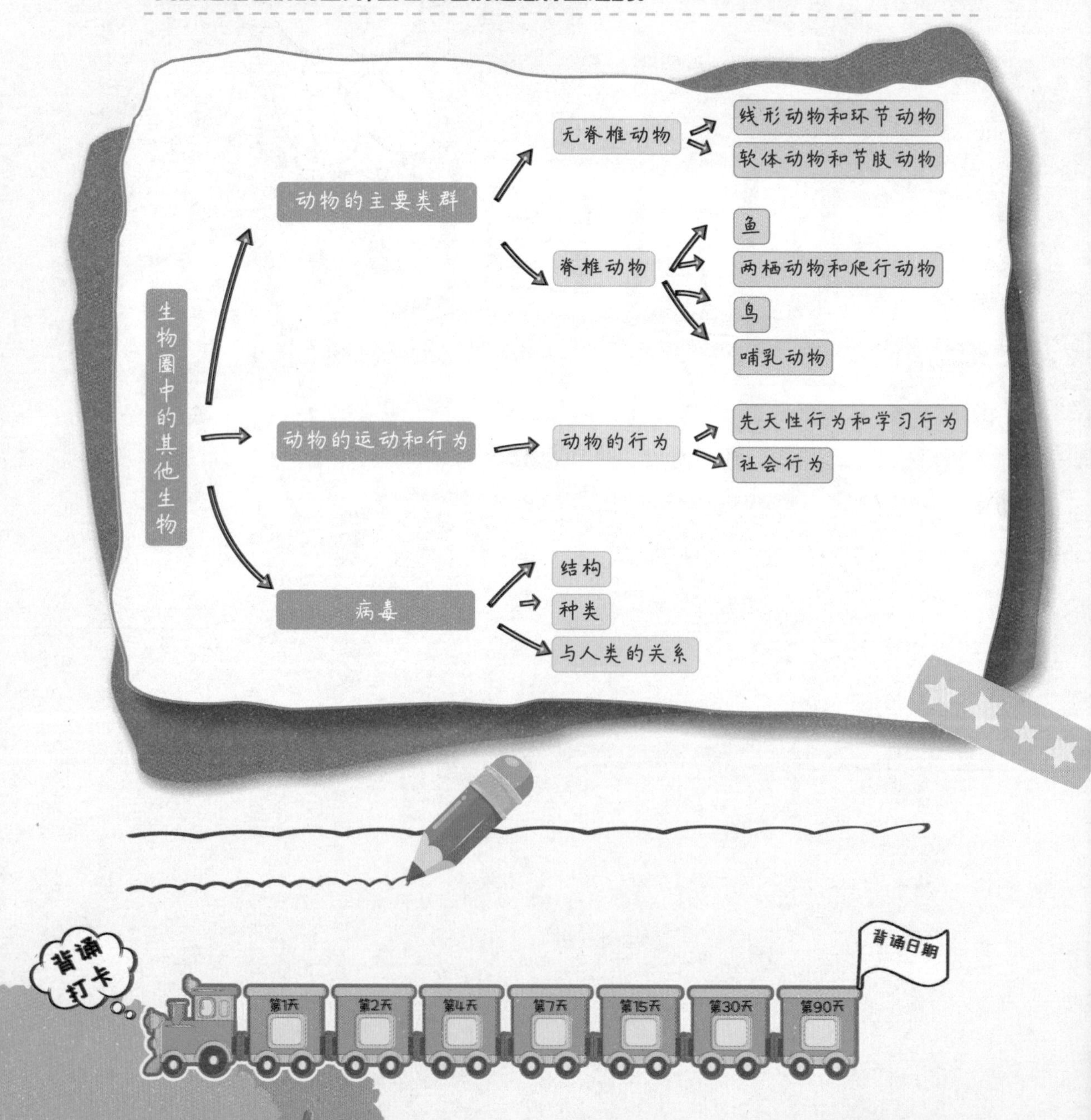

一．线形动物和环节动物

1.典型的线性动物——蛔虫

蛔虫寄生在人体的小肠内，蛔虫的消化器官弱，生殖器官发达，生殖能力强。

蛔虫病的传播

人喝了带有虫卵的生水，吃了沾有虫卵的生的蔬菜，或者用沾有虫卵的手去拿食物，都有可能感染蛔虫病。

蛔虫病的预防

①注意个人饮食卫生，不喝不清洁的生水，蔬菜、水果要洗干净，饭前便后要洗手。

②管理好粪便，粪便要经过处理杀死虫卵后，再作肥料使用。

除了蛔虫，其他线形动物还有蛲虫、钩虫、丝虫、线虫等。

线形动物的主要特征：**身体细长，呈圆柱形；体表有角质层；有口有肛门。**

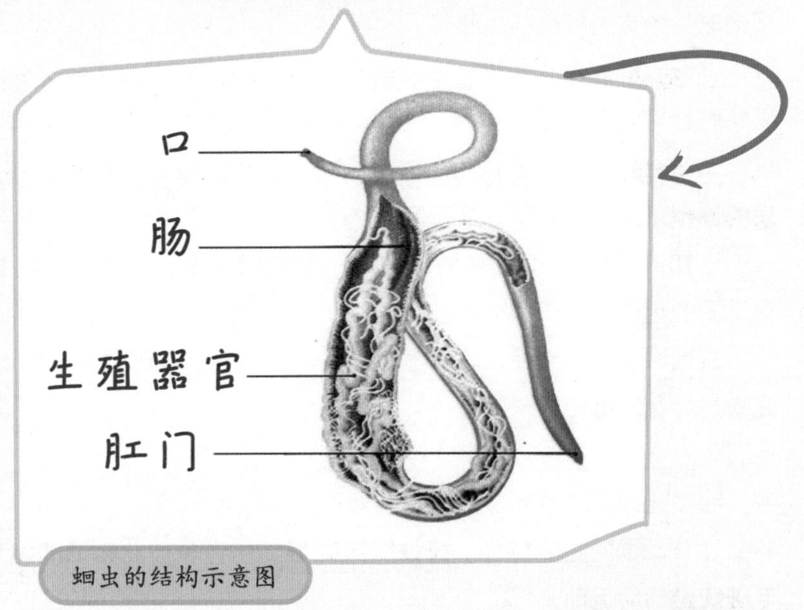

蛔虫的结构示意图

蚯蚓的结构示意图

2. 环节动物的代表生物——蚯蚓

生活习性：生活在富含腐殖质的湿润的土壤中。

外部形态：身体呈长圆筒形，由许多**相似的环形体节**构成。前端有**环带**，环带与生殖有关故也称生殖带。

运动：身体分节可以使蚯蚓的躯体运动灵活。其体壁有发达的肌肉，与刚毛配合可以完成运动。

呼吸：蚯蚓没有专门的呼吸器官，其呼吸要靠能分泌黏液、始终保持**湿润的体壁**来完成，故又称体壁呼吸。

已知的蚯蚓有 3000 多种，他们一般在树叶堆、长期堆积的畜粪堆及烂稻草下面的土层中生长。

蚯蚓可以疏松土壤、改良土壤酸碱性和提高土壤肥力，帮助土壤保持湿润，是增加作物产量的好帮手。

除了蚯蚓，其他环节动物还有沙蚕、水蛭等。

环节动物的主要特征：**身体呈圆筒形**，由许多彼此**相似的体节**组成；**靠刚毛或疣足**辅助运动。

背诵打卡

二.软体动物和节肢动物

1. 软体动物的典型代表生物——缢蛏。

目前已命名的软体动物有10万种以上，是动物界的第二大类群。大多生活在海洋中，如文蛤、扇贝、乌贼、缢蛏、牡蛎等；少数生活在淡水中，如河蚌等；有些生活在陆地上，如蜗牛等。

蛏蛏的结构示意图

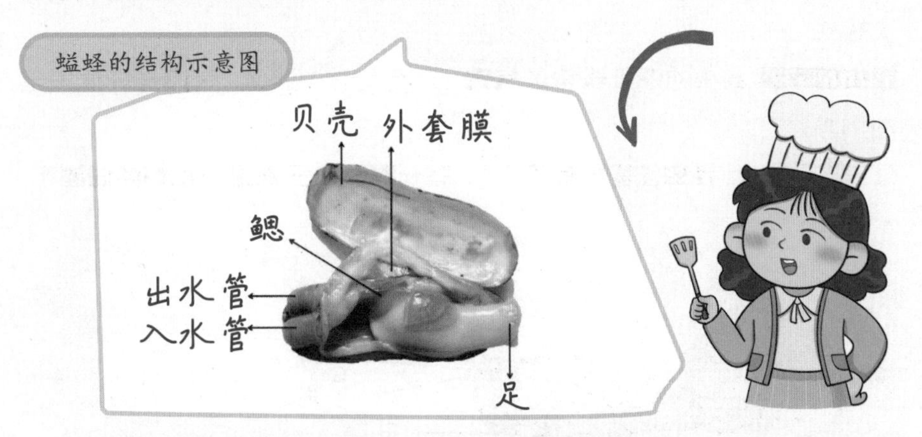

鳃：呼吸；外套膜：保护作用，与贝壳和珍珠的形成有关；足：运动器官。

软体动物的主要特征：①柔软的身体表面有**外套膜**；大多具有**贝壳**；②运动器官是**足**。

软体动物与人类生活的关系：

益处：①可食用：牡蛎、扇贝、鲍等富含蛋白质和多种维生素，且脂肪含量低；②可入药：鲍的壳（石决明）、乌贼的壳（海螵蛸）、珍珠粉等；③可作为装饰品：螺壳和珍珠等；④可作饲料：蚌、淡水螺等。

害处：①钉螺等可以传播疾病；②船蛆（又称凿船贝）等会破坏海港建筑；③蛞蝓、玉螺分别会危害农作物和贝类的养殖。

2. 节肢动物典型代表生物——蝗虫

节肢动物是种类最多、数量最大、分布最广的动物界第一大类群，约有120万种。

蝗虫体表有**外骨骼**。外骨骼不仅能保护身体内部柔软的器官，还能防止体内水分的蒸发。

当昆虫生长到一定程度，外骨骼会限制昆虫的发育和长大，此时昆虫需要蜕掉原有的外骨骼，重新形成新的外骨骼，这种现象叫**蜕皮**。蝗虫的一生要经历5次蜕皮。

蝗虫的呼吸：蝗虫的呼吸器官是**气管**（进行气体交换），**气门**是气体进出身体的门户。

蝗虫属于昆虫，**昆虫**的基本特征包括：有**一对触角**、**三对足**、**一般有两对翅**等。

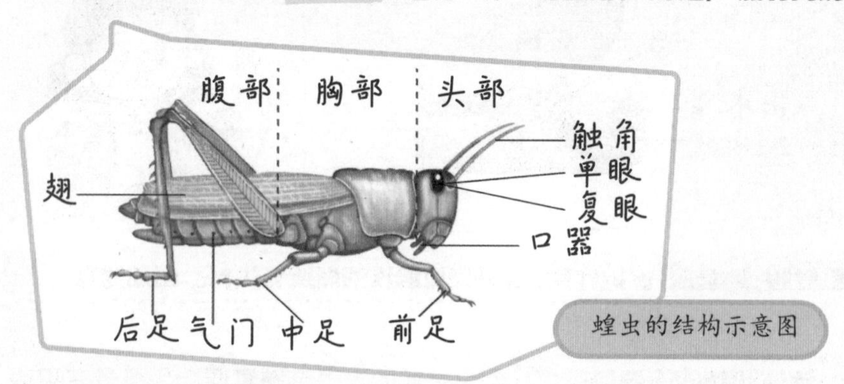

蝗虫的结构示意图

节肢动物的主要特征：①体表有坚韧的外骨骼；②身体和附肢都分节；

节肢动物与人类生活的关系：

益处：①为人类和其他海洋生物提供动物蛋白，如虾、蟹等；②为开花植物传播花粉，如蜜蜂、蝴蝶等；③可入药，治疗疾病，如蝎、蜈蚣、蝉蜕等；④可作为实验材料，果蝇就是遗传学中常用的实验动物；⑤可用来防治有害生物，如七星瓢虫、赤眼蜂等。

害处：①蚊、蜱、螨叮咬人，并传播疾病；②有些节肢动物数量过多时，会危害植物的生长，如蚜虫、蝗虫等；③甲壳类的藤壶常附着船底，减慢船只航行速度；也会附着在工厂的水管内部而阻塞管道。

三．鱼

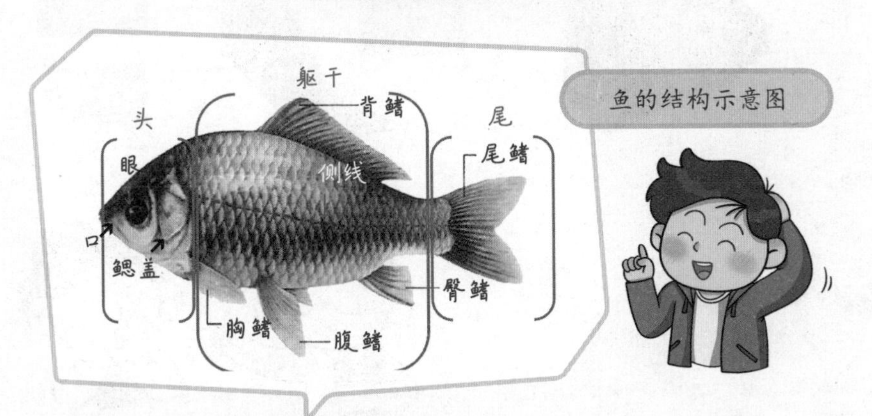

1．**体型：** 身体分**头部、躯干部和尾部**三部分，大多呈**流线型**，这样的体型可以减少游泳时水带来的阻力。

2．**体表：** 常覆盖着**鳞片**，并分泌黏液，以起到保护作用。侧线可以感知水流，测定方向。

3．**游泳：** 通过**尾部和躯干部的摆动**以及**鳍**的协调作用游泳。

4．**鲫鱼的呼吸器官：鳃**

（1）**呼吸现象**：鱼的口与鳃盖后缘**交替张合**。

（2）**呼吸器官：**鳃是鱼的呼吸器官，其主要部分是鳃丝，其内密布毛细血管，有利于与水进行气体交换。

（3）**呼吸过程：**水→（氧气）→口→（氧气）→鳃丝→（二氧化碳）→鳃盖后缘→（二氧化碳）→体外。

5. **鱼的主要特征：生活在水中；体表常有鳞片覆盖；用鳃呼吸；通过尾部和躯部的摆动以及鳍的协调作用游泳。**

背诵打卡

6. **鱼与人类生活的关系：** 鱼作为食物为人类提供了富含蛋白质。同时，鱼也融入了人类的文化，许多鱼类还成为了诸多国家的吉祥物。

拓展

生活现象——鱼浮头

浮头现象：黎明时，水中氧气含量极少，满足不了鱼呼吸的需求，此时鱼会浮至水面吞食空气来获取足够的氧气。

生活中名称带“鱼”的动物类别辨析

★那些并非鱼的“鱼”：

美人鱼（学名儒艮）——哺乳动物

甲鱼（又称鳖）、鳄鱼——爬行动物

鲍鱼、章鱼（又称八爪鱼）、墨鱼（又称乌贼）——软体动物

娃娃鱼（学名大鲵）——两栖动物

★名字里没“鱼”却是鱼：海马、海龙

四．两栖动物和爬行动物

1．两栖动物的代表动物——青蛙

头部：呈三角形，可减少在水中游泳时的阻力；头部有口、鼻孔、眼、鼓膜等发达的感觉器官，是为了适应陆地的复杂环境。

四肢：前肢较短，后肢强大，肌肉发达。**适于在陆地上跳跃**；后足宽而趾长，**趾间有蹼，适于游泳**。

呼吸系统：青蛙在陆地上生活，主要靠肺呼吸，能从空气中吸收氧气；皮肤湿润，会分泌黏液，帮助青蛙在游泳时减少阻力，同时皮肤富含毛细血管，也可辅助呼吸。

其他常见的两栖动物：如蟾蜍、大鲵、蝾螈等。

两栖动物的主要特征：幼体生活在**水**中，用**鳃**呼吸；成年后生活在**陆地**，也可以生活在**水中**，主要用**肺**呼吸，兼用**皮肤**辅助呼吸。

2. 爬行动物的代表动物——蜥蜴

头部：头后面有颈，能灵动转动，有利于捕食和逃避敌害。

皮肤：干燥而粗糙，表面覆盖角质鳞片，可以减少体内水分的蒸发。

体温：不恒定，属于变温动物。

其他常见的爬行动物：乌龟、壁虎、蛇。

爬行动物的主要特征：体表覆盖角质的**鳞片或甲**；仅用肺呼吸；在**陆地上产卵**，卵表面有坚韧的**卵壳**。

3. 两栖动物和爬行动物的结构特征比较：

爬行动物比两栖动物高等，与两栖动物相比，爬行动物有颈部，它们的体表有覆盖物（鳞片或甲），完全用肺部呼吸，卵的形态有着坚硬的外壳，是蛋。

五.鸟

1. 鸟的外部形态

（1）**体形：流线型**，能减少飞行时的阻力。

（2）**体表：**被覆羽毛，保温。

（3）**前肢：**大多变成翼，利于扇动空气。

2. 鸟的内部构造

（1）**胸肌：**发达，为飞行提供动力。

（2）**骨骼：轻、薄、坚固、中空**，能降低体重给飞行带来的压力。

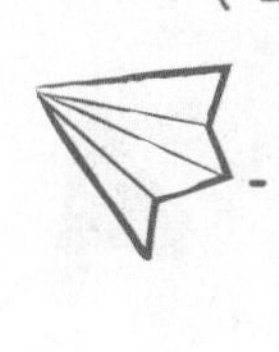

鸟的胸肌约占体重的1/5，
人的胸肌约占体重的1/120

鸟的骨骼约占体重的5%~6%，
人的骨骼约占体重的18%

3. 鸟的生理特点

（1）视觉发达。

（2）有喙无齿。

（3）食量大、消化能力强；直肠短，不储存粪便。

（4）心跳频率快，体温高而恒定，便于体内运输养料、氧气。

鸟是**恒温动物**，它们的体温不随外界温度变化而变化。恒定的体温增强了动物对环境的适应能力，扩大了动物的分布范围。

4. 鸟与人类生活的关系： 消灭鼠类及农林害虫；供食用；观赏用。

拓展

候鸟迁徙

候鸟每年春秋两季沿着固定的路线往返于繁殖地和避寒地之间。

迁徙中的鸟一般会结成群体，在迁飞时有固定的队形。一般有人字形、一字形和封闭群。

迁徙飞行中，保持一定的队形可以有效地利用气流，减少迁徙中的体力消耗。

候鸟迁移时最主要的能量来源是自身的体脂肪。小型非迁移性鸟类之体脂肪占身体正常体重的3%~5%，短距离迁移的鸟类则在13%~25%之间，而长距离或洲际迁移的鸟类，体脂肪则可以达体重的30%~47%。

可见，不论是体骨骼、胸肌还是脂肪含量，这些鸟类的特征都与它们的习性紧密相关。

六.哺乳动物

1.体表

体表被有毛发，水生哺乳类（如鲸）的毛退化，皮下脂肪层发达。

2.生殖和发育

（1）**胎生**：绝大多数哺乳动物的胚胎在雌性体内发育，通过胎盘从母体获得营养，发育到一定阶段后从母体中产出。

（2）**哺乳**：雌性用自己的乳汁哺育后代，使后代在优越的营养条件下成长。

3.牙齿的分化

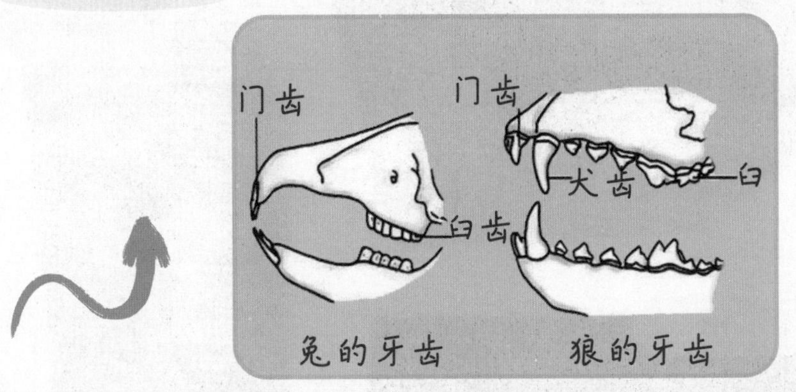

兔的牙齿分为门齿和臼齿，门齿适于切断食物，臼齿适于磨碎食物，与兔子的食草生活相适应；

狼的牙齿除具有门齿和臼齿外，还有犬齿，适于撕裂食物，与狼的食肉生活相适应。

牙齿的分化既提高了哺乳动物摄取食物的能力，又增强了它们对食物的分解能力。

4．神经系统

哺乳动物还具有高度发达的神经系统和感觉器官，能够灵敏地感知外界环境的变化，并能由此对复杂多变的环境及时作出反应。

5. 哺乳动物的主要特征：体表被毛；胎生，哺乳；牙齿有门齿、犬齿和臼齿的分化；体温恒定。

6. 特别的哺乳动物：

最大的哺乳动物：蓝鲸

最高级的哺乳动物：人类

会飞的哺乳动物：蝙蝠

七.先天性行为和学习行为

蜘蛛结网

1.动物的行为

概念: 动物所进行的一系列有利于存活和繁殖后代的活动。表现：各种各样的运动。

2.动物行为的分类

（1）**先天性行为:**

动物生来就会的，由动物体内的**遗传物质**所决定的行为，又称为本能。

先天性行为往往是一些简单的、出生时就必不可少的行为，用来**维持动物最基本生存**的需要。

（2）**学习行为:**

在**遗传因素**的基础上，通过**环境因素**的作用，由**生活经验和学习**而获得的行为。

一般来说，**动物越高等,学习能力越强,学习行为越复杂**。

学习行为是动物不断适应复杂多变的环境，以更好地生存和繁衍的重要保证，动物的生存环境越复杂多变，需要学习的行为也就越多。

归纳梳理

类别	举例	决定因素
先天性行为	蜻蜓点水、蜘蛛结网、孔雀开屏、雄鸡报晓、蚕的“作茧自缚“	动物体内的遗传物质所决定的与生俱来的行为
学习行为	鹦鹉学舌、老马识途、飞鸽传书、惊弓之鸟等	在遗传因素的基础上，通过环境因素的作用，由生活经验和学习而获得的行为

拓展

老马识途

马的脸很长，鼻腔很大，嗅觉神经细胞也多，这样就构成了它比其他动物更发达的“嗅觉雷达”。这个嗅觉雷达不仅能鉴别饲料、分辨水质好坏，还能辨别方向、寻找道路。

马的耳翼很大，耳部肌肉发达，转动相当灵活，位置又高，听觉非常发达。

马通过灵敏的听觉和嗅觉等感觉器官，对气味、声音以及路途形成牢固的记忆，因此马能够识途。

八.社会行为

1.**社会行为的概念：**群居生活的动物，**群体**内部不同成员之间分工合作，共同维持群体的生活。

2．**社会行为的特征：**群体内部往往形成一定的**组织**，成员之间有明确的**分工**，有的群体还形成**等级**制度。

举例：

（1）蚂蚁群体——体现**分工和组织**

蚁后——腹部通常膨胀得很大，是专职的“产卵机；

蚁王——具有生殖能力，主要负责与蚁后交配；

工蚁——负责觅食、筑巢、照料蚁后产下的卵、饲喂其他白蚁等；

兵蚁——专司蚁巢的护卫工作。

（2）作为“首领”的雄狒狒——体现**等级**

①“首领”雄狒狒优先享有食物和配偶势的个体；

②“首领”雄狒狒优先选择栖息场所；

③其他成员对“首领”雄狒狒表现出顺从的姿态，对它的攻击不敢反击；

④“首领”雄狒狒负责指挥整个社群的行为，与其他雄狒狒共同保卫群体

3．**常见具有社会行为的的动物：**昆虫类的蚂蚁、蜜蜂；狮子、大象、狒狒、猴子、狼等多数高等动物。

4．**社会行为的意义：**使动物更好地适应生活环境，有利于个体和种族的生存。

5．**群体中的信息交流：**虽然动物们不具有语言能力，但动物的动作、声音和气味等都可以起到传递信息的作用。

信息交流方式	举例	意义
声音	狮群中的狮子发出不同的吼叫声	在自然界中，生物之间的信息交流是普遍存在的。在群体觅食、御敌和繁衍后代等方面具有重要意义。
动作	发现蜜源的蜜蜂跳“8”字舞	
气味	昆虫释放性外激素	

6. **信息交流的应用——**用提取的或人工合成的性外激素作引诱剂可以诱杀农业害虫。或者在田间施放一定量的性引诱剂，干扰雌雄虫之间的信息交流，使雄虫无法判断雌虫的位置，雌雄虫不能交配，从而达到控制害虫数量的目的。

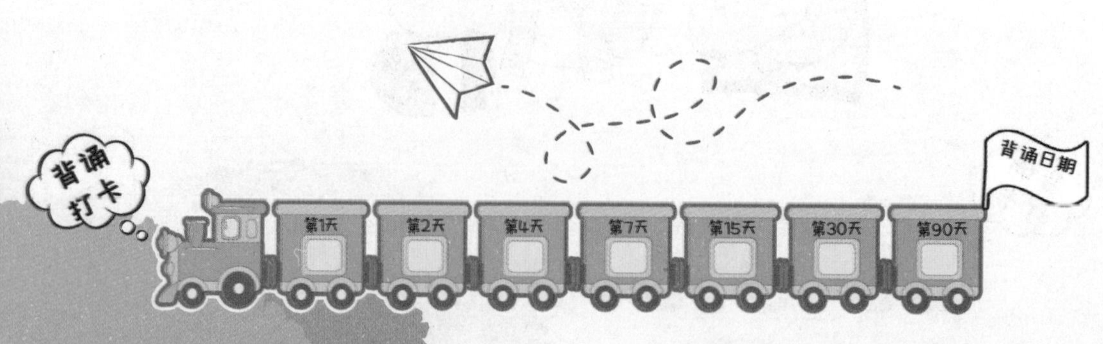

九.病毒

1. **病毒非常微小，只能用纳米表示它们的大小**，人们需借助**电子显微镜**观察它们。

2. 病毒的结构

病毒无细胞结构，由**蛋白质外壳和遗传物质内核**组成。

3. 病毒的生活方式

病毒只能**寄生**在活细胞中。根据寄主细胞的不同，可分为**植物病毒、动物病毒和细菌病毒（噬菌体）**。病毒离开活细胞，一般会形成结晶体。

4. 病毒在自己的遗传信息指导下，利用细胞内的物质和能量，能合成新病毒。

5. 病毒与人类的关系

（1）制作**疫苗**；很多疫苗本质上是经过人工处理的减毒或无毒的病毒。

（2）研究发现有些病毒亦可以保护人类的健康。病毒可以杀死细菌，还有一些病毒可以用来对抗更危险的病毒。因此，就像保护性细菌（益生菌）一样，我们体内也有一些保护性病毒。近一个世纪以来，噬菌体实际上已经被用于治疗痢疾、败血症、沙门氏菌感染和皮肤感染等疾病。

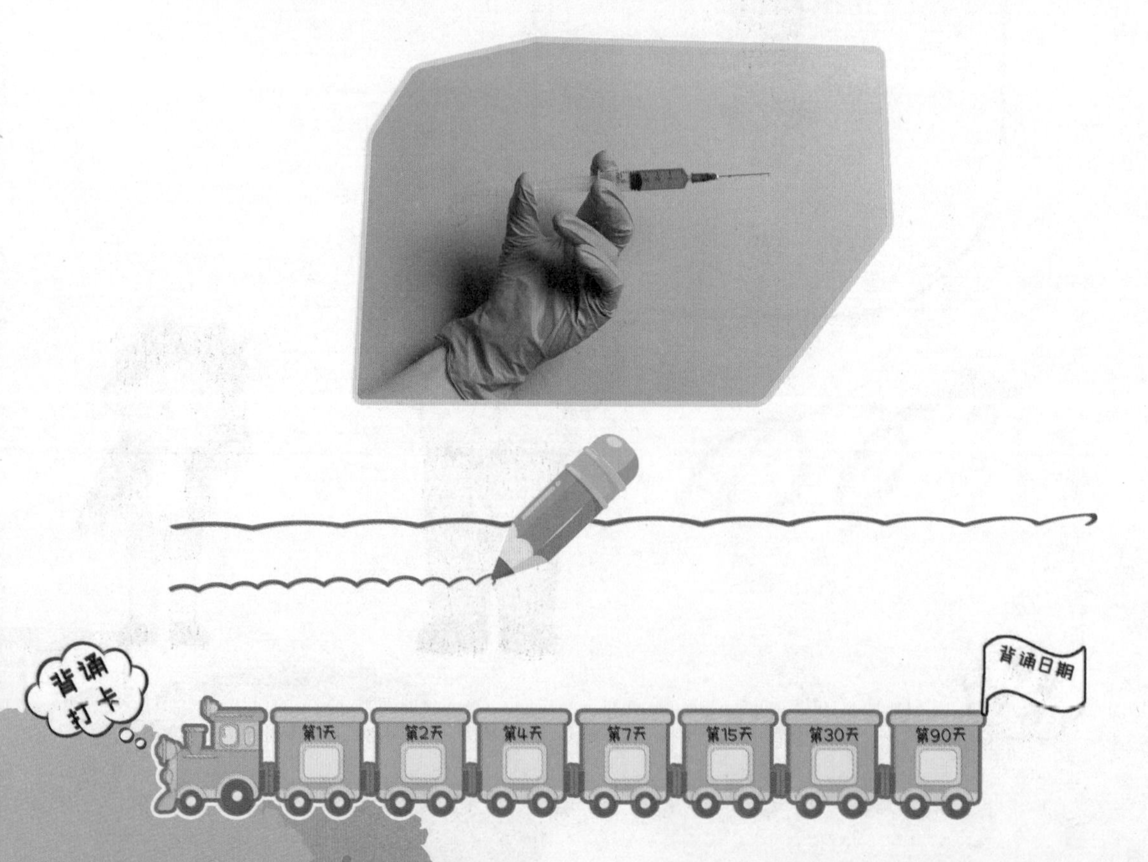

小结 生物圈中的其他生物

动物的主要类群

无脊椎动物

★线形动物和环节动物

线性动物主要特征：①身体细长呈圆柱形；

②体表有角质层；③有口有肛门

环节动物主要特征：①身体呈圆柱形；②由许多相似的体节组成；③靠刚毛或疣足辅助运动

★软体动物和节肢动物

软体动物主要特征：①柔软的身体表面有外套膜；大多具有贝壳；②运动器官是足

节肢动物主要特征：①体表有坚韧的外骨骼；

②身体和附肢都分节

动物的主要类群

脊椎动物

★鱼

主要特征：生活在水中；体表覆盖角质的鳞片或甲；用肺呼吸；在陆地上产卵，卵表面有坚韧的卵壳

★两栖动物和爬行动物

两栖动物主要特征：幼体生活在水中，用鳃呼吸；成体大多生活在陆地上，也可在水中游泳，用肺呼吸，皮肤可辅助呼吸

爬行动物主要特征：体表覆盖角质的鳞片或甲；用肺呼吸；在陆地上产卵，卵表面有坚韧的卵壳

★鸟和哺乳动物

鸟的主要特征:体表覆羽；前肢变成翼；有喙无齿；有气囊辅助肺呼吸

哺乳动物的主要特征:体表被毛；胎生，哺乳；牙齿有门齿、犬齿和臼齿的分化

动物的行为

动物的行为

★先天性行为：生来就有的，由动物体内的遗传物质所决定的行为

★学习行为:在遗传因素的基础上，通过环境因素的作用，由生活经验和学习而获得的行为

★社会行为：群体内部往往形成一定的组织，成员之间有明确的分工，有的群体中还形成等级

病毒

结构

★无细胞结构，只能寄生生活，蛋白质外壳和遗传物质内核

种类

★植物病毒、动物病毒和噬菌体

与人类的关系

★疫苗，基因工程运载体

1. 脊椎动物的主要特征：

	生殖方式	外形及体表结构	呼吸方式	体温	典型代表生物或重点图
鱼		流线型； 体表有鳞片覆盖， 外有黏液	鳃		
两栖动物	卵生	皮肤裸露有黏液	幼体：鳃 成体：肺，皮肤辅助呼吸	变温动物	青蛙、蟾蜍、大鲵（娃娃鱼）、蝾螈
爬行动物		皮肤干燥，有角质鳞片或甲覆盖，	肺		蜥蜴、乌龟、鳖、蛇、鳄鱼、壁虎
鸟		流线型； 有喙无齿，前肢变成翼	气囊辅助肺的呼吸	恒温动物	鸡、企鹅、山雀
哺乳动物	胎生	体表被毛，牙齿有了门齿、犬齿、臼齿的分化	肺		鲸鱼、蝙蝠、狗

背诵日期

第1天 第2天 第4天 第7天 第15天 第30天 第90天

2. 无脊椎动物的主要特征：

	主要特征
线形动物	①身体细长呈圆柱形；②体表有角质层；③有口有肛门
环节动物	①身体呈圆筒形；②由许多相似的体节组成；③靠刚毛或疣足辅助运动
软体动物	①柔软的身体表面有外套膜；大多具有贝壳；②运动器官是足
节肢动物	①体表有坚韧的外骨骼；②身体和附肢都分节

3. **动物的行为是指动物所进行的有利于它们生活和繁殖后代的活动。** 有些行为是动物生来就有的，是由遗传物质决定的，被称为先天性行为；有些行为是在遗传因素的基础上，通过后天生活经验和学习形成的，被称为学习行为；这两类行为具有不同的适应意义。

4. **病毒结构简单，仅由蛋白质外壳和内部的遗传物质组成。病毒不能独立生活，只能寄生在活细胞内，并在寄主细胞内进行繁殖。**

第五单元
健康地生活

健康是能保证我们生活品质的最基本的要求。那怎样才能健康地生活呢？

你知道传染病流行时怎样保护自己吗？你知道我们身体的免疫系统是怎样保护我们的吗？

你知道生病时怎样安全用药，意外时怎样急救吗？

选择健康的生活方式是保证我们健康的重要的一环。你知道如何健康地生活吗？一起看看吧。

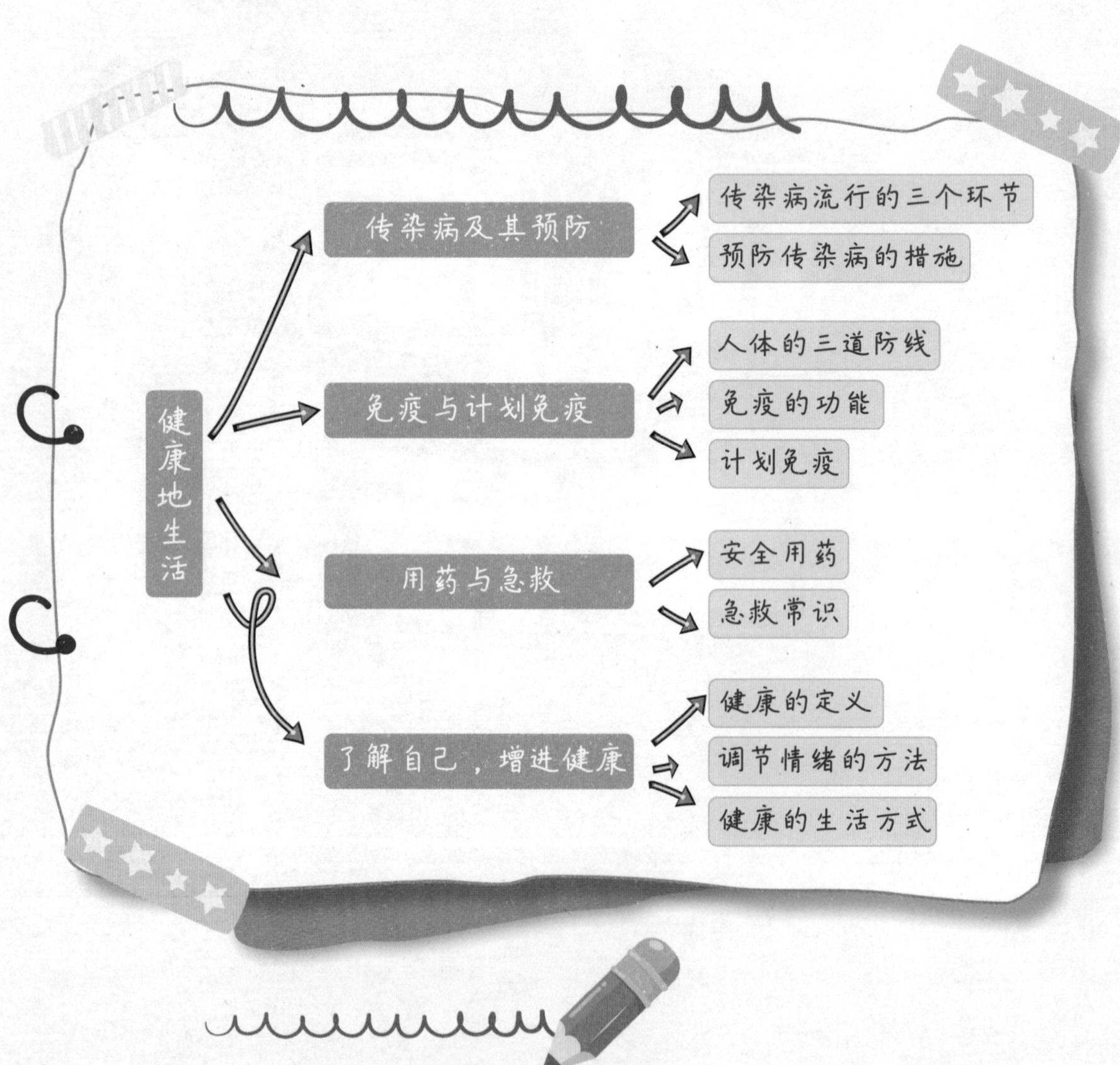

一.传染病及其预防

1.传染病：

由**病原体**（如细菌、病毒、寄生虫等）引起的，能在人与人之间或人与动物之间传播的疾病。

举例：蛔虫病（寄生虫性传染病），肺结核（细菌性传染病），艾滋病（病毒性传染病）等。

特点：传染性和**流行性**，有的还具有**季节性**和**地方性**。

2.病原体：

引起传染病的细菌、病毒、寄生虫等生物。

3.传染病能流行，必须同时具备这三点条件：

☑**传染源：**能够散播病原体的人或动物；

☑**传播途径：**病原体离开传染源到达健康人所经过的途径，如空气传播、饮食传播、生物媒介传播等；

☑**易感人群：**对某些传染病缺乏免疫力而容易感染该病的人群。

4. 传染病的预防措施：

控制传染源：隔离患者、封锁疫区、给生病的人打针吃药、让生病的人在家休养、对携带病原体的动物进行焚毁、掩埋处理等；

切断传播途径：喷洒消毒液、自来水消毒、杀灭蚊虫、搞好个人卫生、流感盛行时戴口罩出门等；

保护易感人群：注射疫苗、加强体育锻炼、远离疫区等。

5. 在预防不同传染病时采取的针对性措施

（1）对麻疹和脊髓灰质炎，以预防性接种、保护易感人群为重点。

（2）对蛔虫病等消化道传染病，要以切断传播途径、搞好环境卫生如加强食品卫生管理、保护水源、使用消毒餐具、注意个人卫生等为重点。

（3）对呼吸道疾病，要保持室内空气新鲜，不随地吐痰，以切断传播途径为重点。

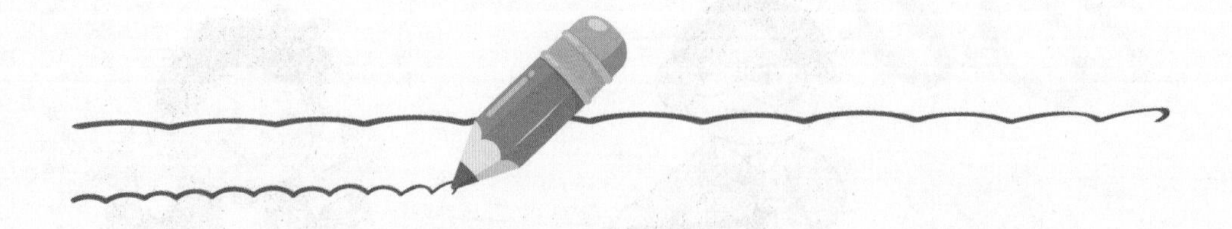

二.免疫与计划免疫

1.人体三道防线：

呼吸道黏膜纤毛清扫作用

第一道防线：

皮肤和黏膜

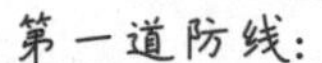

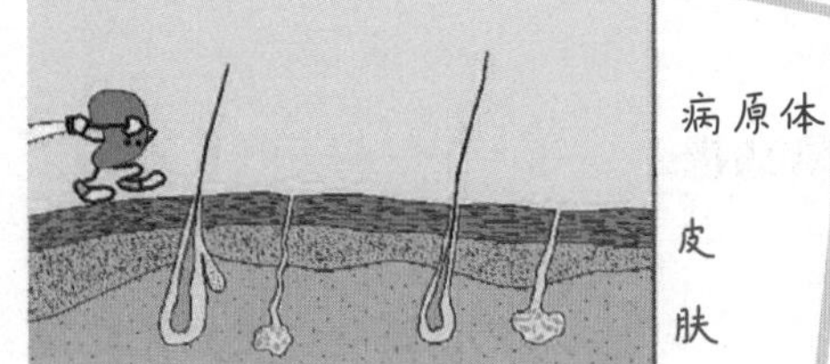

皮肤能够阻挡病原体侵入人体

皮肤和黏膜及其分泌物，它们不仅能够阻挡大多数病原体入侵人体，而且它们的分泌物还有杀菌作用。

第二道防线：

体液中的杀菌物质和吞噬细胞

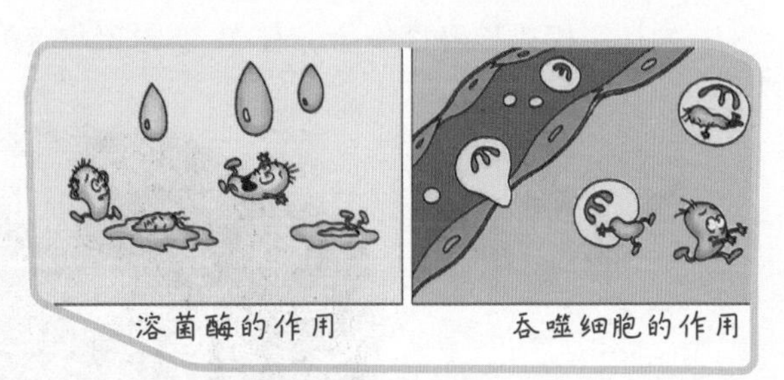
溶菌酶的作用　　吞噬细胞的作用

第三道防线：

免疫器官、免疫细胞

免疫器官有扁桃体、淋巴结、胸腺、骨髓、脾等。

这三道防线中，第一、第二道防线是人生来就有的，对多种病原体有防御作用。

第三道防线是人体在出生以后逐渐形成的后天防御屏障，只针对某些特定的病原体起作用。

2. 抗体和抗原：

病原体侵入体内后，刺激了淋巴细胞，淋巴细胞就会产生一种抵抗该病原体的特殊蛋白质，叫做抗体。

引起人体产生抗体的物质（比如病原体等异物）叫抗原。

对人体来说，病原微生物、寄生虫、异种动物的血清、异型红细胞、异体组织等都可以是抗原。疫苗也属于抗原的一种。

3. 免疫的功能：抵御、清除和监视。

4. 过敏反应：当免疫功能过强时，进入体内的某些食物和药物会引起过敏反应。

5. 计划免疫：根据某些传染病的发生规律，对儿童有目的、有计划地组织接种疫苗，以达到预防、控制和消灭相应传染病的目的。如我们在 6 岁时，会在学校接种麻疹疫苗，在 12 岁时接种卡介苗。

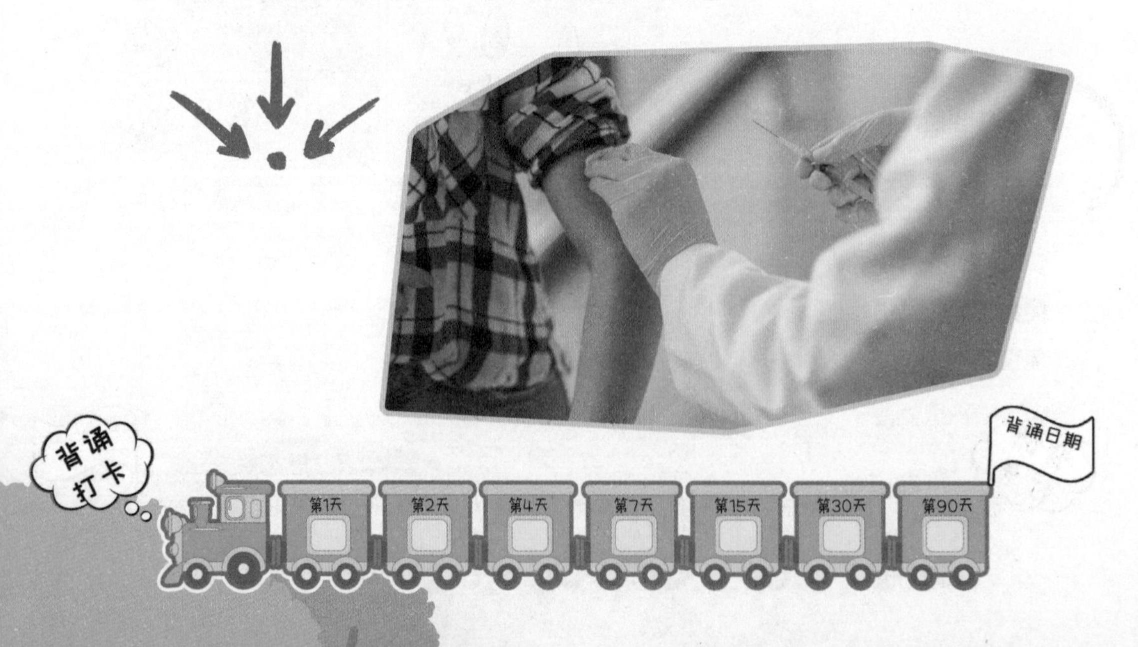

三.用药与急救

1. 安全用药： 是指根据病人的病情、体质和药物的作用适当选择药物的品种，以适当的方法、剂量和时间准确用药，充分发挥药物的最佳效果，尽量减少药物对人体产生的不良影响或危险。

2. 药物的分类：

甲类非处方药

须在药店由执业药师指导下购买和使用

乙类非处方药

除可在药店出售处，还可以经食品药品监管部门批准的超市、宾馆、百货商店等处销售

处方药

必须凭医师处或在药师指导下购买和使用

药物类型	非处方药	处方药
特点	不需要医师处方即可购买，按所附说明服用	凭执业医师或执业助理医师的处方购买，并按医嘱服用
标志	OTC	Rx
举例	小柴胡颗粒	青霉素

非处方药（简称 OTC）。非处方药适于患者可以自我诊断、自我治疗的小伤小病。仔细阅读药品说明书，了解药物的名称、主要成分、作用与用途（功能与主治）、不良反应（副作用）、注意事项、用法与用量、制剂与规格以及生产日期和有效期等，以确保用药安全。

3. 急救

★**拨打 120** 进行紧急呼救。

★针对心跳、呼吸骤停所采取的抢救措施被称为心肺复苏。

心肺复苏包括胸外心脏按压和人工呼吸。按压与吹气的比例是 30:2，即按压胸外 30 次，对口吹气 2 次。

★出血的类型和止血方法

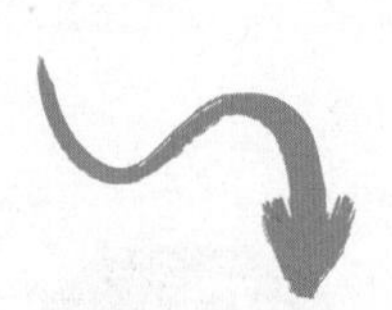

出血类型	特点	止血方法
毛细血管出血	血液红色，从伤口渗出，一般能自行凝固止血。	可以先将伤口冲洗干净，然后贴上创可贴，或是在伤口上盖上敷料，用纱布或绷带加压止血。
静脉出血	血液暗红色，缓慢而连续不断地从伤口流出	远心端处压迫止血（即相对四肢自然下垂而言，伤口垂直方向的下方）。
动脉出血	血液鲜红色，从伤口喷出或随心跳一股一股地涌出	近心端处压迫止血（即相对四肢自然下垂而言，伤口垂直方向的上方）。

对于所有的外出血，首先应当直接压迫出血处，绝大多数的轻度创伤可以通过压迫达到止血目的。

四.了解自己，健康生活

1.**健康：** 指一种**身体**上、**心理**上和**社会适应**方面的良好状态，而不仅仅是没有疾病或者不虚弱。

2.**儿童青少年心理健康的核心是心情愉快。**

3.**在日常生活中，每个人都会或多或少地出现一些情绪问题，** 当你遇到挫折或者不顺心的事情时，生气、紧张、焦虑、抑郁等有害健康的情绪便会随之而来。当出现这些问题时，我们可以试着用以下三种方法来调节自己的情绪。

★**转移注意力:** 当情绪不好时，有意识地转移话题，或者做点别的事情，如听音乐、看电视、打球、下棋、散步等，来分散自己的注意力，这样可以使情绪得到缓解。

★**宣泄烦恼:** 把自己心中的烦恼向亲人或知心的朋友倾诉，或用其他适当的方式，把积压在内心的烦恼宣泄出来，这样也会有利于身心健康。但是，要避免伤害他人，注意宣泄的场合、方法。同时，宣泄烦恼也要适当。

★**自我安慰:** 当遇到失败时，为了减少内心的失望，可以找一个适当的理由来安慰自己，这样可以帮助你在挫折面前接受现实，保持较为乐观的心态。

口诀记忆青少年情绪的调节

花样年华青少年，心理健康是关键；
不良情绪来困扰，善于调节保康健；
学会转移注意力，情绪缓解心泰然；
有了烦恼要宣泄，注意场合和安全；
遇到挫折自安慰，快乐生活每一天。

4. 现在，影响人们健康的主要是慢性、非传染病，如恶性肿瘤、心脑血管疾病、糖尿病等，这些疾病也被称为“生活方式病”或“现代文明病”。

产生因素：遗传因素、环境因素和不健康的生活方式。

5. 健康的生活方式：

（1）合理摄取营养，平衡膳食；（2）坚持体育锻炼；（3）按时作息；（4）不吸烟，不喝酒，拒绝毒品；（5）合理安排上网、看电视时间；（6）积极参加集体活动。

6. 不健康的生活方式对人体的危害：

★**抽烟：**烟草中含有尼古丁、焦油等有害物质，抽烟会引起多种呼吸系统疾病，如慢性支气管炎，还有可能诱发肺癌等疾病。

★**酗酒：**导致心脑血管疾病和心脏疾病，增加患癌危险。

★**吸毒：**损害人的神经系统，降低人体的免疫功能，使心肺受损、呼吸麻痹。

★**网瘾：**容易致使人出现心理疾病。

影响心血管健康的生活方式

常见的心血管疾病：动脉硬化、高血压、冠心病、心肌炎、先天性心脏病等。

影响心血管健康的生活方式：长期酗酒或吸烟都会损伤心脏和血管，导致心血管疾病。酒内含有酒精，过量的酒精能使脂类物质沉积到血管壁上，使管腔变窄、血压升高，加速动脉硬化过程，从而使冠心病的发病率增高。烟草中的尼古丁能使血液中的红细胞数量增加、血液变稠，加重心脏负担，容易引发心脏病。食用过多的油脂类食物，容易造成心脏和血管壁的胆固醇或其他脂质类物质的沉积，影响其正常功能，甚至引发动脉硬化、高血压等。

长期精神紧张和缺乏体育锻炼也是诱发心血管疾病的因素。

健康地生活

传染病及其预防

传染病流行的三个环节

- 传染源
- 传播途径
- 易感人群

预防传染病的措施

- 控制传染源
- 切断传播途径
- 保护易感人群

了解自己，增进健康

健康的定义

- 身体上
- 心理上
- 社会适应方面

生活方式病

- 现代文明病

选择健康地生活方式

免疫与计划免疫

人体的三道防线

- 第一道防线：皮肤和黏膜
- 第二道防线：体液中的杀菌物质和吞噬细胞
- 第三道防线：免疫器官和免疫细胞

免疫的功能

- 清除
- 监视
- 抵御

计划免疫

- 有计划有目的给儿童接种疫苗

用药与急救

安全用药

- 药品分类：非处方药（OTC）；处方药（Rx）
- 用药注意事项：
保质期
剂量及用法
适合人群和症状
不良反应等

急救常识

- 急救电话：120
- 心肺复苏：胸外心脏按压；人工呼吸
- 止血：动脉出血近心端包扎；静脉出血远心端包扎

1. 人会生病既有内因又有外因。有些病是由于自身因素等引起的，没有传染性；有些病是人体受到细菌、病毒或寄生虫等生物的侵染而引起的，并且能够在人与人之间或人与动物之间传播，具有传染性，属于传染病。

2. 传染病的流行需要传染源、传播途径和易感人群三个基本环节，缺少其中任何一个环节，传染病都流行不起来。因此，预防传染病要从这三个环节入手。

3. 传染病的预防措施：

☑ **控制传染源：**如隔离患者、封锁疫区、给生病的人打针吃药、让生病的人在家休养、对携带病原体的动物进行焚毁、掩埋处理等；

☑ **切断传播途径：**如喷洒消毒液、自来水消毒、杀灭蚊虫、搞好个人卫生、流感盛行时戴口罩出门等；

☑ **保护易感人群：**如注射疫苗、加强体育锻炼、远离疫区等。

4. **人体具有一定抵抗病原体的能力，这是免疫的最初含义。**人生来就有、对多种病原体都有的防御能力，属于非特异性免疫；出生以后才产生，只对某一特定的病原体或异物起作用的防御能力，属于特异性免疫。

免疫的类型	特点	构成
非特异性免疫（先天性免疫）	人生来就有的，对多种病原体有防御作用。	第一道防线和第二道防线
特异性免疫（后天性免疫）	出生以后建立起来的，只针对某一种特定的病原体起作用。	第三道防线

注：接种疫苗是接种抗原　接种血清是接种抗体

5. **人体的三道防线：**

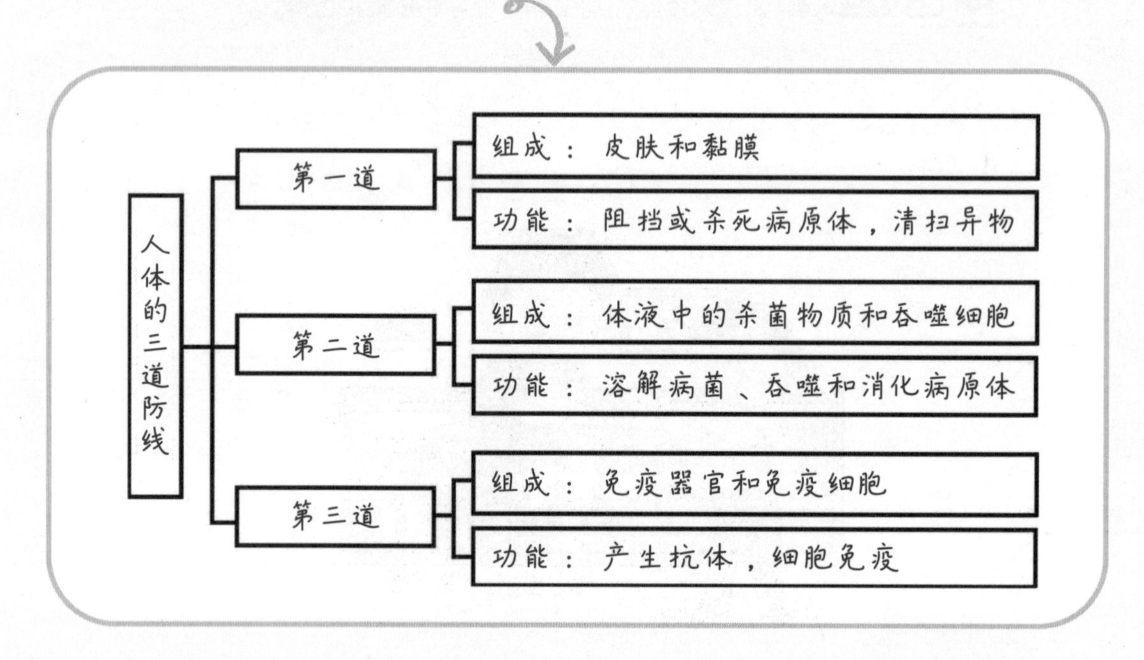

6. **免疫具有抗击抗原侵入、清除衰老死亡或损伤的细胞、监视识别和清除体内产生的异常细胞的功能。**当免疫功能失调时，会引发疾病。

7. **健康不仅仅是指没有疾病或不虚弱。**健康是指一种身体上、心理上和社会适应方面的良好状态。维持心理健康和良好的人际关系，是健康生活的重要内容。

8. **现在，影响人们健康的主要是慢性病、非传染病，**如恶性肿瘤、心脑血管疾病、糖尿病等，这些疾病也被称为“生活方式病”或“现代文明病”。